识图技巧丛书

机床电气控制线路图识图技巧
升级版

屈 刚 何志伟 编

机械工业出版社

本书作者从多年工作和教学实践经验出发，依据国家职业技能标准和电气工程施工与验收规范，选择机床电气控制线路图识读作为切入点，致力于激发电工初学者的学习兴趣并帮助他们扫清学习道路上可能遇到的障碍和困难，逐步引领他们进入电气领域知识殿堂。

本书主要内容包括：机床电气控制线路图识图基础、机床电气控制线路常用低压电器、机床电气控制线路基本单元电路、典型机床电气控制线路图的识读、PLC与变频器控制机床电气控制线路图的识读等。

本书可作为电工初学者入门自学或上岗培训用书，也可作为电气工程技术人员的参考用书。

图书在版编目（CIP）数据

机床电气控制线路图识图技巧：升级版/屈刚，何志伟编. —2版. —北京：机械工业出版社，2016.11（2025.7重印）
（识图技巧丛书）
ISBN 978-7-111-55096-9

Ⅰ.①机… Ⅱ.①屈… ②何… Ⅲ.①机床-电气控制-控制电路-识图-基本知识 Ⅳ.①TG502.35

中国版本图书馆CIP数据核字（2016）第244968号

机械工业出版社（北京市百万庄大街22号 邮政编码100037）
策划编辑：林运鑫 责任编辑：王振国 责任校对：樊钟英
封面设计：马精明 责任印制：李 昂
涿州市般润文化传播有限公司印刷
2025年7月第2版·第5次印刷
184mm×260mm·9印张·217千字
标准书号：ISBN 978-7-111-55096-9
定价：45.00元

电话服务 网络服务
客服电话：010-88361066 机 工 官 网：www.cmpbook.com
010-88379833 机 工 官 博：weibo.com/cmp1952
010-68326294 金 书 网：www.golden-book.com
封底无防伪标均为盗版 机工教育服务网：www.cmpedu.com

前言

刚刚步入电工行业的初学者，大多希望自己能够尽快掌握电工行业基本技能，尽快胜任所从事的工作并发挥自己的潜质。达到这一要求的前提是拥有扎实的基础知识，而识读电路图则是必须要掌握的技能。

本书作者从多年的电气工程设计、安装、运行、维修、调试和教学经验出发，参考国家职业技能标准和电气工程施工与验收规范，选择机床电气控制线路图识读作为切入点，从基础知识介绍开始，涵盖电气图的组成、分类、特点及常用符号，识读和绘制电气图的基本方法和规则，同时，对构成电气设备的常用元器件进行了基础性介绍，对构成复杂电路的基本单元电路进行了架构性和功能性介绍，在激发读者学习兴趣的同时帮助他们扫清学习道路上经常遇到的障碍和困难，以便逐步引领他们进入电气领域知识殿堂。

本书编写特点主要体现在以下几个方面：

第一，融入思维导图，图文并茂理解。

以往的电气专业书籍大多采用一张电气原理图配以大段文字说明的方式编写，对初学者来说往往存在理解上的诸多困惑和差异，学习难度较大。本书以思维导图的形式将复杂概念简单化、形象化，增强读者的阅读理解力及条理性，循序渐进提升初学者图样识读能力。

第二，设计场景案例，激发学习兴趣。

本书另一特色是将生活场景及工作案例引入专业知识的讲解，方便读者进行横向类比，以更好地同化知识，提升重点知识的理解程度，同时增强读者的生活体验感和职业代入感，进一步加强读者的阅读兴趣。

第三，反映技术发展，涵盖进阶拓展。

根据电气技术的最新发展，更新图样识读内容，充实了PLC、变频器、触摸屏改造机床的新知识和新技术，以方便读者更好地适应时代的发展，为后续高阶专业学习打下良好的基础。

由于时间和作者的水平有限，书中错误和不足在所难免，敬请广大读者和同仁批评指正。

编　者

目录

前言
第 1 章　机床电气控制线路图识图基础 ………………………… 1
1.1　电气图的基本组成 ……………… 1
1.2　电气图的分类及主要特点 ……… 5
1.3　电气图的常用符号 …………… 20
1.4　识读机床电气控制线路图的基本要求和步骤 …………………… 26
1.5　绘制电气图的一般规则和方法 … 30

第 2 章　机床电气控制线路常用低压电器 ……………………………… 39
2.1　熔断器 ………………………… 39
2.2　断路器 ………………………… 42
2.3　主令电器 ……………………… 45
2.4　接触器 ………………………… 48
2.5　继电器 ………………………… 51

第 3 章　机床电气控制线路基本单元电路 ……………………………… 55
3.1　起动、保持、停止电路 ……… 55
3.2　正反转控制电路 ……………… 59
3.3　多地控制电路 ………………… 64
3.4　互锁控制电路 ………………… 70

3.5　顺序起动控制电路 …………… 73
3.6　定时控制电路 ………………… 78
3.7　手动和自动控制电路 ………… 82
3.8　安全保护电路 ………………… 84

第 4 章　典型机床电气控制线路图的识读 ……………………………… 88
4.1　C6140 型卧式车床电气控制系统 … 88
4.2　Z3050 型摇臂钻床电气控制系统 … 92
4.3　M7130 型平面磨床电气控制系统 … 98
4.4　T68 型卧式镗床电气控制系统 … 101
4.5　X62W 型万能铣床电气控制系统 … 106

第 5 章　PLC 与变频器控制机床电气控制线路图的识读 …………… 111
5.1　PLC 控制电动机电路 ………… 111
5.2　C6140 型卧式车床 PLC 与变频器改造控制电路 ……………………… 119
5.3　T68 型卧式镗床 PLC 与变频器改造控制电路 ……………………… 121
5.4　X62W 型万能铣床 PLC 与变频器改造控制电路 ………………… 129

参考文献 ………………………… 138

第1章
机床电气控制线路图识图基础

电路图样是所有电气设备的原始技术档案,能够识读电气电路图样就能够掌握电气设备的主要性能、工作原理,以及设备安装、调试、保养、检修和测试操作方法。因此,学习电气设备电路图样的识读技巧是从事电气设备生产、安装、调试及检修的关键环节。

本章重点内容有:掌握电气图的常用符号,能够识读国内外不同样式的电气图形符号;熟悉电气图的分类及主要特点,能够正确区分并合理应用日常所遇到的电气图样;深刻理解绘制电气图的一般规则;运用电气图绘制规则设计电气图样。本章的难点就是识读机床电气控制线路图的基本要求和步骤,只有不断地识读训练并实践应用,才能掌握机床电气控制线路图的识读技巧。

1.1 电气图的基本组成

相对于严格按照尺寸、绝对位置绘制的机械图,电气控制线路图是描述电气控制系统工作原理的电气图样,是用各种电气符号、带注释的围框、简化的外形表示系统、设备、装置、元件的相互关系或连接关系的一种简图,广义地用以说明系统、成套装置或设备中各组成部分的相互关系或连接关系,或者用以提供工作参数的表格、文字等,也属于电气图之列。电气图是用来沟通电气设计人员、生产制造人员、安装调试人员、操作运行人员和检修维护人员的工程语言,是进行技术交流不可缺少的重要工具。

按国际电工委员会(IEC)现行标准的规定,电路图的基本组成包括:图形符号、连接线、参照代号、端子代号、用于逻辑信号的电平约定、电路寻迹必需的信息(信号代号、位置检索)以及了解项目功能必需的补充信息。从另一种角度来讲,我国电气图样一般由电路图、技术说明、主要电气设备(或元器件)明细表、标题栏和会签表等部分组成。

【场景案例】

生活场景:小明在少年宫国画班学画画,老师讲一幅国画的组成除了有主体图案(山水、花鸟、人物)外,还要有表明画中图案主旨及绘画意境的题目,可以题画赞、题诗词、题画记、题画跋等;还有在画上记年月、签署姓名、签署别号和钤盖印章等,称为"款"。图案、题、款是国画的重要组成部分。

工作场景:大明是一家制造厂的设备工程师,近期大明所做的重点工作是整理老旧机床设备的技术档案资料，其中档案归集核心的内容就是机床电气图样。每张电气图样上都有电路图、技术说明和标题栏，大明分类整理图样时所依据的内容即这三样。

不难看出，生活场景与工作场景的对比情况如图 1-1 所示。

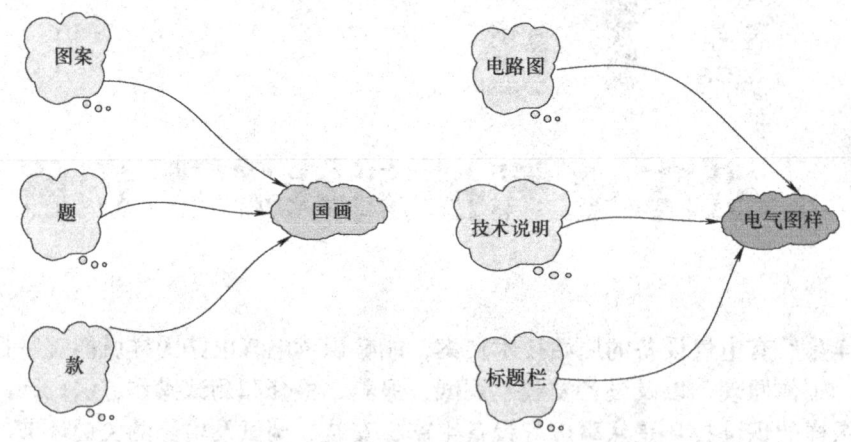

图 1-1　生活场景与工作场景的对比

【电路图】

（1）电路的概念　用导线将电源、负载、相关控制元件按一定要求连接起来构成闭合回路，能够实现电气设备的预定功能，这个电气回路就称为电路。如果将电源、负载、开关等看成元件，则电路就是由元件和连接线组成的。

实际应用中的电路因结构的不同所能实现的功能也不尽相同，通常认为电路的功能可分两种：一是电能的传输、分配和转换；二是信息的传送和处理。

（2）电气图的分类　针对不同的应用场合和电气设备，电气图可大致分为概略图、功能图、电路图、接线图。更为详细的电气图分类将在本章第二节中加以介绍（如：电力系统概略图、逻辑信号功能图、等效电路图）。

（3）机床电路的分类　机床电路一般可分为两类：主电路和辅助控制电路。主电路也叫作一次回路，是电源向负载输送电能的电路；辅助控制电路又称为二次回路，是对主电路进行控制、保护、监测、指示的电路。主电路电流大，导线线径粗，辅助电路电流小，导线细。

电路图是反映电路构成的，由于电路元器件的外形和结构差别较大，所以通常采用国家统一规定的电气图形符号和文字符号表示电路中的元器件，由此形成相互连接及安装方式的图形称为电路图。

图 1-2 所示的电动机串联电阻起动电路就是典型机床基本单元电路。

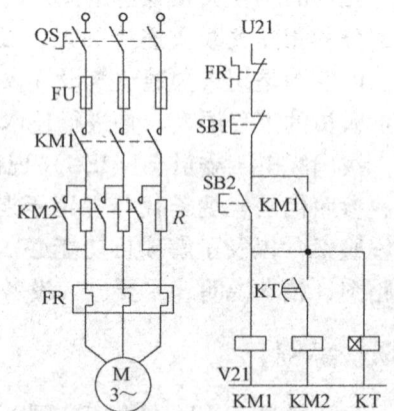

图 1-2　电动机串联电阻起动电路

【技术说明】

技术说明也叫作技术要求，即电气图中的文字说明，包括用以注明电气接线图中有关要点、安装要求及未尽事项等，其书写位置通常在电路图的右上方，若说明较多，也可另附页说明。技术说明示例如下：

	A	B	C	D	E
1			SA 触点说明		
2	编号	触点位置	-45°	0	+45°
3	1	1-2	×		
4	2	3-4			×
5	3	5-6	×		
6	4	7-8			×

【元器件明细表】

　　元器件明细表用以注明电气接线图中主要电气设备及材料的代号、名称、型号、规格、数量和说明等。元器件明细表不仅有助于识图，而且是设备订货、安装、维护时的重要依据。元器件明细表以表格形式写在标题栏的上方，明细表中序号自下而上编排。示例如下：

电动机串联电阻起动电路主要元器件明细表

元件名称	规格型号	单位	数量	备注
主电动机	Y132M—4B3,7.5kW,1440r/min	台	1	
V带	B2240	根	1	
组合开关	HZ10—25/3	只	1	
按钮	LA4—3H	只	2	
热继电器	JR16—20/3	只	1	过载保护
熔断器	RL1—60/25	个	3	短路保护
时间继电器	JS7—2A	只	1	时间控制
交流接触器	CJX2—12	只	2	
端子板	JX2—1015	个	1	
主电路导线	BVR—1.5,7×0.25mm	m	若干	
控制电路导线	BVR—1.0,7×0.43mm	m	若干	

【标题栏】

　　标题栏画在电路图的右下角，具有该图样简要说明书的作用，用于标注工程名称、设计类别、设计单位、图名、图号、比例、尺寸单位及设计人、制图人、审核人、批准人的签名和日期等。标题栏是电路图的重要技术档案，各栏目中的签名者对图中相应的技术内容负责。标题栏示例如下：

		某机电设备有限公司			
审定		图样名称	电气控制原理一次回路图	项目编号	
审核				图别	
设计负责人				图号	
专业负责人		安装地点		比例	
校对				日期	
设计		数量		共7张	第1张
绘图					

另外，涉及多个相关专业的电气图样，还列有会签表，由相关专业（如土建、管路、信号、空调等）技术人员会审认可后签字，以便统筹协调分工责任明确。会签表示例如下：

图样会审会签表

项目工程		单位工程名称	
会审时间		会审地点	
建设单位			
设计单位			
监理单位			
施工单位			
主持人		记录人	
建设单位： （公章） 代表：	设计单位： （公章） 代表：	监理单位： （公章） 代表：	施工单位： （公章） 代表：

【知识拓展】

电气图样档案归集

电气竣工图样是建筑工程竣工或机床设备安装调试通过验收后，真实反映建筑工程或机床设备安装项目电气施工及走线回路实际的图样，是工程和设备技术档案的核心内容，是电气工程施工成果在档案图样上的体现。电气竣工图样往往要比原设计图完整、准确得多，对产品的使用、维护、检修、改建、扩建等都起到十分重要的作用。所以及时有效地做好电气图样档案归集工作，是现代工程及设备管控的必然要求，在日常工作中需要注意以下几个方面：

（1）注意电气竣工图样的分类及构成　电气竣工图样分为强电图和弱电图，强电图包括高压、低压、供配电、照明、动力等图；弱电图包括控制信号、消防报警及联动系统、电视通信系统、防盗监视系统、计算机联网管理等图。电气图样由图样目录、设计说明、总平面图、系统图、电路原理图、接线图和大样图等构成。建立图样技术档案时可按上述类别设立装订成册，方便后续管理维护。

（2）掌握电气竣工图样的绘制方法和要素　电气竣工图样编制方法有两类：一是以电气设计施工图样直接代替，二是依据施工过程中的变更文件由设计院重新绘制。含有变更内容的文件有：电气设计交底记录、图样会审记录、电气设计变更通知和现场变更会审记录等。

（3）掌握电气工程变更的表达形式

1）文字形式：将文字、数据变更的主要内容以标注形式记录在相应电气图样的空白处,原数据及文字一定要划去。

2)图形形式:有些是以变更图替代原电气图样,有些是电气设计补充图。电气设计补充图是由于工艺、设备、使用功能等在技术要求上提供较晚而后产生的补图。

(4)注意过程资料收集中的问题　涉及电气竣工图样的各种会议纪要、交底或其他变更文件,必须由建设单位、设计单位、施工单位、监理单位专业技术人员根据实际情况加以签字确认。特别是无变更通知和变更图、其他专业的变更涉及电气变更却没有明确指出等情况造成竣工图样与实际不符的,应由建设单位、监理单位重新确认后签字。

(5)建立多媒体形式的电子档技术资料库　当今是信息社会,技术档案已不仅仅局限于纸质档案,且从保护环境、保存便利方面考量,纸质档案都不如电子档案。可以采用电子文档、图片、声音、视频等多媒体形式纳入计算机管理方法来建立电气竣工图样档案。

综上所述,电气图样档案归集如下:

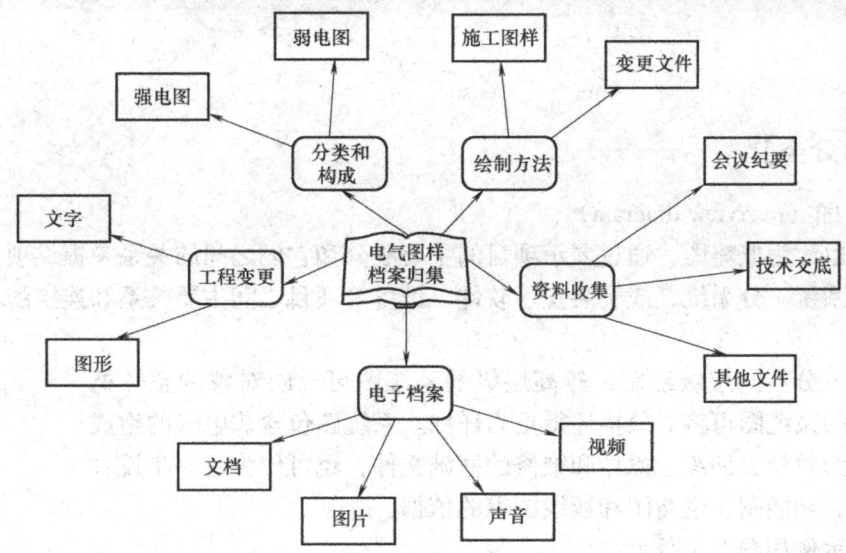

1.2　电气图的分类及主要特点

电气图是产品制造商、销售商、用户、技术服务等部门进行沟通、交流信息的载体,一般根据表示对象的类别、对象的工作原理及功能、对象的规模大小、使用场合等表达方式的不同来分类,按照最新的国家标准《工业机械电气设备　电气图、图解和表的绘制》(GB/T 24341—2009)可分为35类,本节作重点介绍。

电气图种类繁多也可按绘制方式分成两大类:第一类为图样,它基本上是运用正投影法绘制的,例如:零件图、装配图、外形图、安装图、线扎图、包装图、改制件图和集成电路图等;第二类为简图,它是以图形符号或轮廓外形图为主,按国家标准《电气制图》标准的规定绘制的,用以说明各种电原理图、产品的电气连接等,例如:系统图和框图、电路图、接线图和逻辑图等。

【场景案例】

生活场景：小明的妈妈是个勤劳而又心细的家庭主妇，她专门为家里所有电气设备建立了档案袋：购物的发票、产品说明书、售后质保卡及维修记录卡等。在产品说明书中一般有设备外观说明图、操作及维护保养说明、设备工作流程框图、电路接线简图等，广义地讲这些均属于电气图的范畴。

工作场景：大明负责工厂里一台生产机台的维护保养，该生产机台的技术档案里电气图样占了很大比例。装订成册的电气图样里有：图样总目录、技术说明、电气设备平面布置图、电气系统图、电气原理图、电气设备操作使用说明书和电气设备维护保养说明书等。

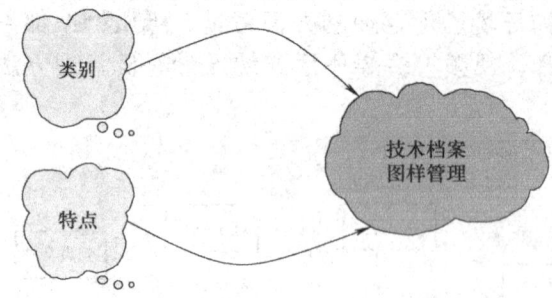

【电气图的分类】

1. 系统图（overview diagram）

系统图也称为概略图，通过展示项目的主要成分和它们之间的关系来提供项目的总体描述，是表示系统、分系统、成套装置、软件、设备等项目之间主要关系和连接的相对简单的简图。

系统图可分不同层级绘制，较高层级的系统图可反映对象的整体概况，低层级的系统图可将对象描述得更为详细。系统图包含非电气的组成部分，可作为教学、训练、操作和维修的基础文件，也可作为进一步设计编制逻辑图、功能图、电路图和接线图等的依据。

系统图示例如图1-3所示。

2. 框图（block diagram）

框图是指用来描述程序的处理、判断、输入输出、起始或终结等基本功能的执行逻辑过程的概念模式，已经广泛应用于算法、计算机程序设计、工序流程的表述、设计方案的比较等方面，也是表示数学计算与证明过程中主要逻辑步骤的工具，并将成为日常生活和各门学科中进行交流的一种常用表达方式。也可看作采用矩形框符号的系统图。示例如图1-4所示。

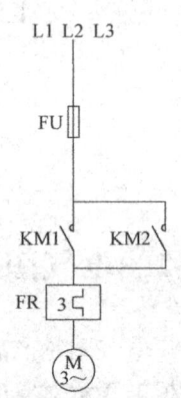

图1-3 电动机起动电路

3. 功能图（function diagram）

功能图是表示理论的或理想的电路而不涉及实现方法的一种图。其用途是提供绘制电路图或其他有关图的依据。功能图示例如图1-5所示。

4. 逻辑功能图（logic-function diagram）

逻辑功能图主要是指使用二进制逻辑元件符号或单元图形符号绘制的功能图。其中只表

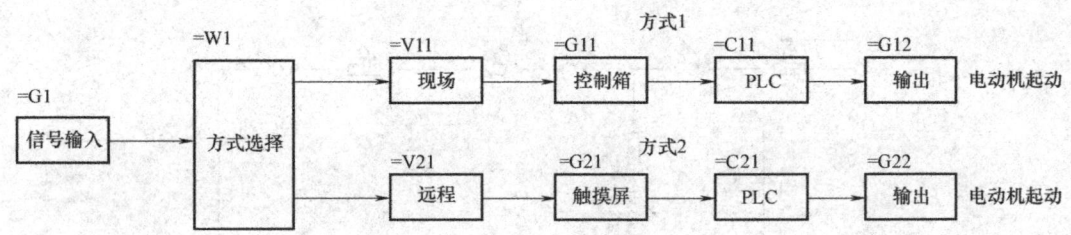

图 1-4 电动机起动输入方式框图

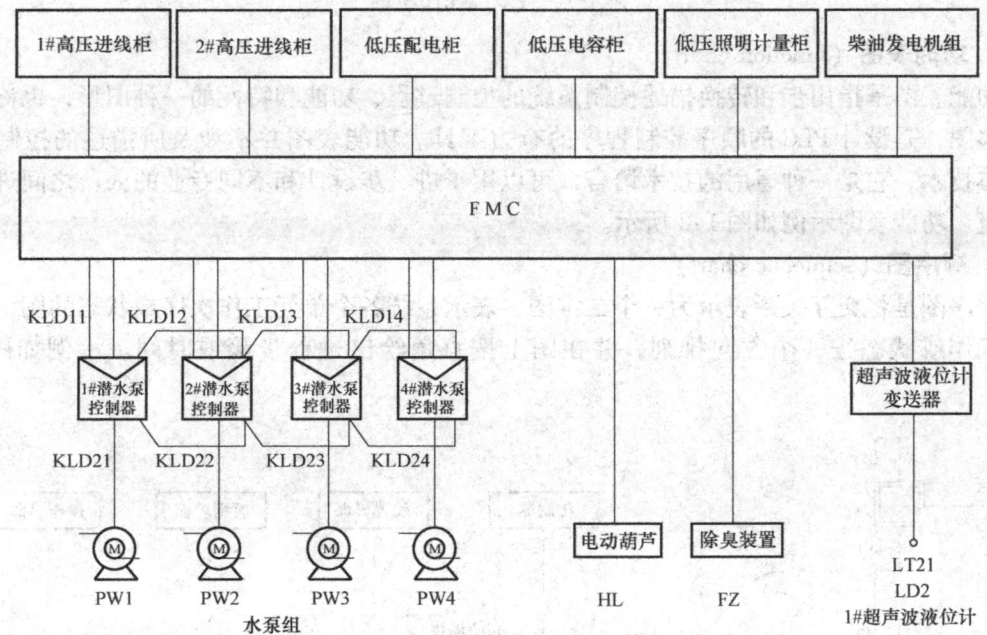

图 1-5 FMC 控制功能图

示功能而不涉及实现方法的逻辑图叫作纯逻辑图。逻辑功能图示例如图 1-6 所示。

5. 等效电路图（equivalent-circuit diagram）

等效电路图就是将一个复杂的电路通过适当的方法改画出简单的串联、并联的电路，表示理论的或理想的元件（如 R、L、C）及其连接关系的简单电路。这种图样叫作原复杂电路的等效电路图。等效电路图示例如图 1-7 所示。

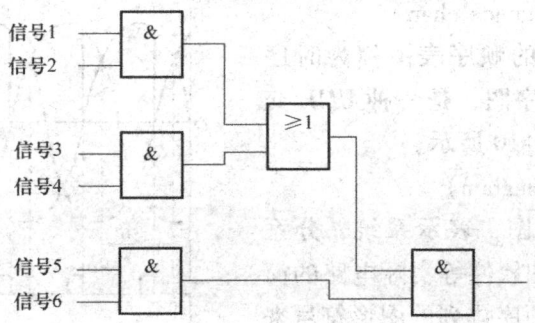

图 1-6 逻辑功能图示例

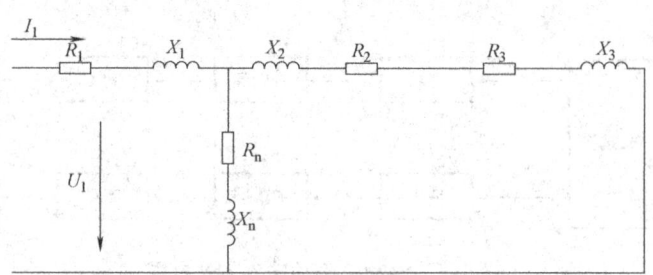

图 1-7　等效电路图示例

6. 功能表图（function chart）

功能表图是指用步和转换描述控制系统的控制过程、功能和特性的一种图形，也称为状态转移图，是设计 PLC 的顺序控制程序的有力工具。功能表图并不涉及所描述的控制功能的具体技术，它是一种通用的技术语言，可以用于进一步设计和不同专业的人员之间进行技术交流。功能表图示例如图 1-8 所示。

7. 顺序图（sequence chart）

顺序图是将交互关系表示为一个二维图，表示系统各个单元工作次序或状态的图，各单元的工作或状态按一个方向排列，并在图上按直角绘出过程步骤或时间。示例如图 1-9 所示。

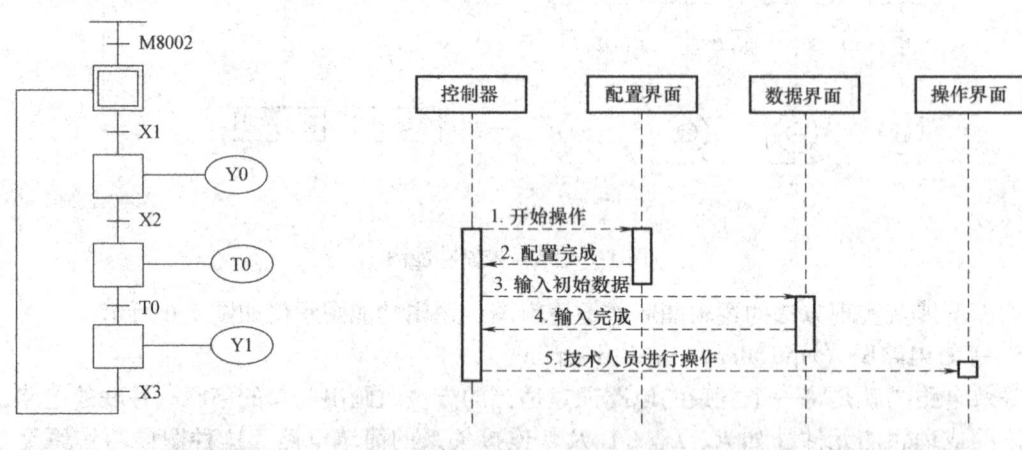

图 1-8　PLC 状态转移图

图 1-9　顺序图示例

8. 时序图（time sequence chart）

按比例绘出时间轴的顺序表图称为时序图，又叫作序列图或循序图，是一种 UML 交互图。时序图示例如图 1-10 所示。

9. 电路图（circuit diagram）

电路图也叫作原理图，表示系统、分系统、装置、部件、设备和软件等实际电路的简图，采用按功能或工作顺序排列的图形符号来表示元件和连接关系，以表示功能而不需考虑

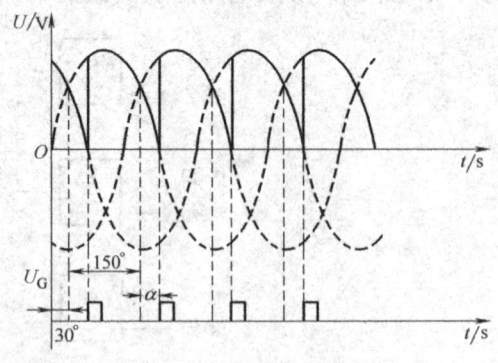

图 1-10　时序图示例

项目的实体尺寸、形状和位置。目的是便于理解电路的原理、分析和计算电路特性。电路图示例如图 1-11 所示。

10. 端子功能图（terminal-function diagram）

端子功能图是表示功能单元各端子接口连接和内部功能的一种简图，可以利用简化的电路图、功能图、功能表图、顺序表图或文字来表示其内部的功能。端子功能图示例如图 1-12 所示。

11. 程序图（program diagram）

程序图是详细表示程序单元、模块及其互连关系的简图，其布局应能清晰识别其相互关系。以特定的图形符号加上说明，表示工艺流程或者程序算法的图称为程序流程图。在工程领域，它是进行 PLC 程序设计中顺序控制分析过程中最基本的工具。程序图示例如图 1-13 所示。

12. 程序表（program chart）

程序表是详细表示程序单元、模块及其互连关系的表格。示例如下：

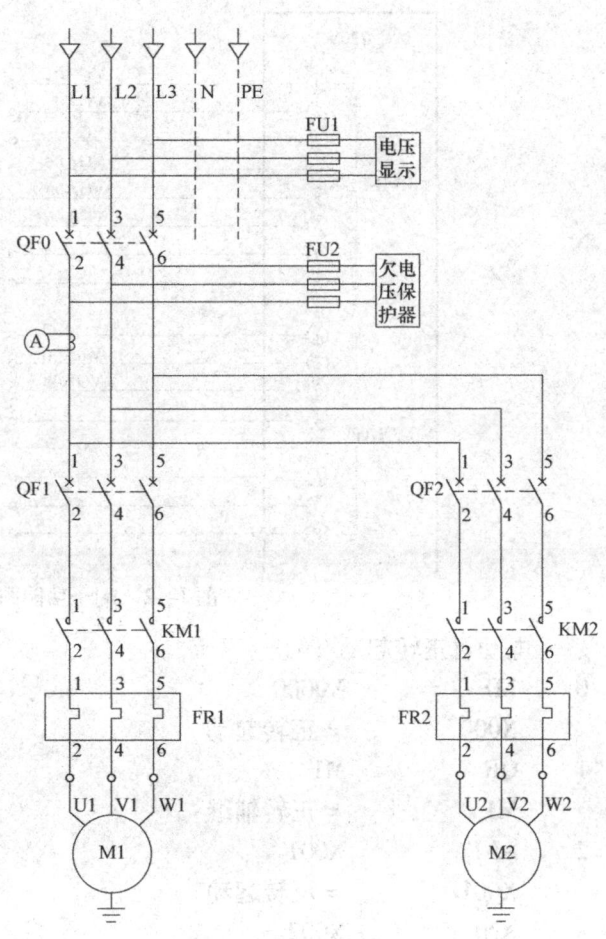

图 1-11 电路图示例

状态 \ 步骤	按下 SB1	按下 SB2	FR1 闭合	FR2 闭合	按下 SB3	FR1 断开	FR2 断开
KM1 吸合	1		1	1			
KM2 吸合		1	1	1			
KM3 吸合			1	1			
KM1 断开					1		
KM2 断开					1		
KM3 断开						1	1

13. 程序清单（program list）

程序清单是详细表示程序单元、模块及其互连关系的清单。示例如下：

：*电动机正向起动/停止

0　　LD　　　　X0000

　　　X000　　　　=正转起动

1　　OR　　　　M1

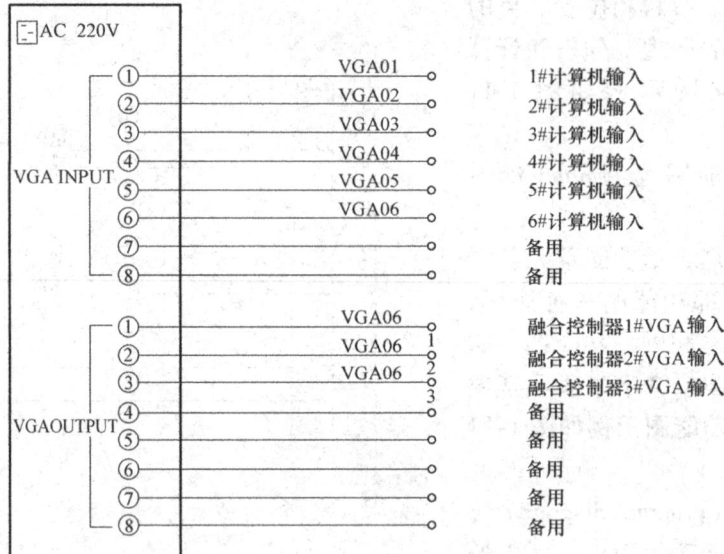

图 1-12 端子功能图示例

```
:  *电动机正转起动/停止
0   LD     X0000
    X000    =正转起动
1   OR     M1
    M1     =正转辅继
2   ANI    X001
    X001    =反转起动
3   ANI    X002
    X002    =停止
4   ANI    X003
    X003    =热保护
5   ANI    M2
    M2     =反转辅继
6   OUT    M1
    M1     =正转辅继
;  *电动机反转起动/停止
7   LD     X001
    X001    =反转起动
8   OR     M2
    M2     =反转辅继
9   ANI    X000
    X000    =正转起动
10  ANI    X002
    X002    =停止
11  ANI    X003
```

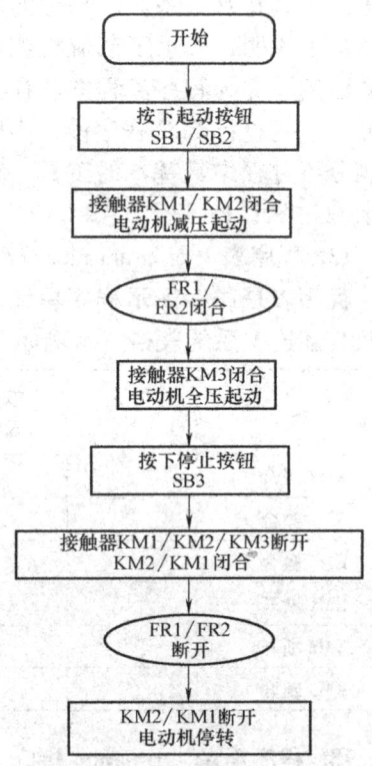

图 1-13 程序图示例

```
     X003            =热保护
12   ANI     M1
     M1              =正转辅继
13   OUT     M2
     M2              =反转辅继
```

14. 安装图（installation diagram）

安装图是表示各项目安装位置及要求的图。示例如图 1-14 所示。

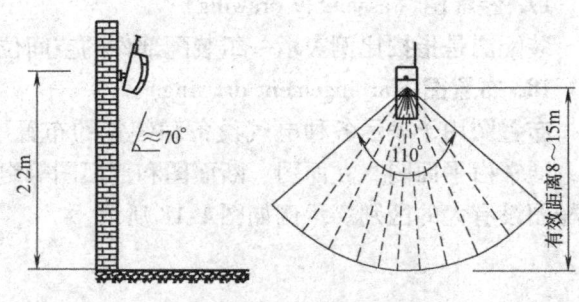

图 1-14　红外探测器的安装

15. 平面图（installation plan）

平面图是地图的一种，在电气工程领域是各设备或元器件沿铅垂线方向投射到平面上，按规定的符号和比例缩小而构成的相似图形，称为平面图。电气平面图表示电气工程中电气设备、装置和线路的平面布置，一般在建筑平面图中绘制出来。

根据用途不同，电气平面图可分为供电线路平面图、变电所平面图、动力平面图、照明平面图、弱电系统平面图和防雷与接地平面图等。

平面图示例如图 1-15 所示。

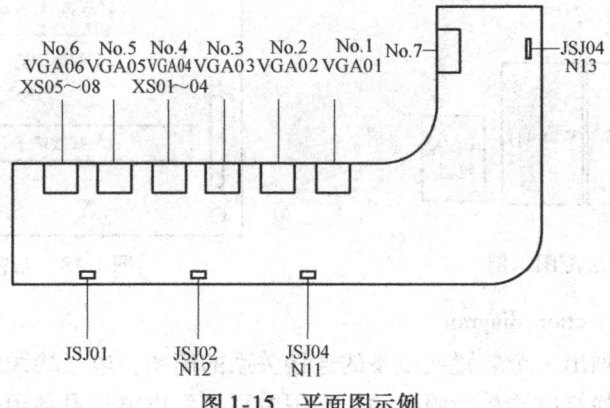

图 1-15　平面图示例

16. 安装简图（installation diagram）

安装简图是表示各项目之间连接的安装图。安装简图示例如图 1-16 所示。

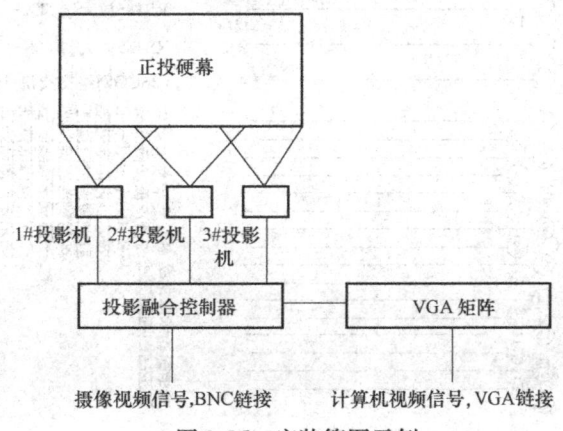

图 1-16　安装简图示例

17. 装配图（assembly drawing）

装配图是指按比例表示一组装配部件的空间位置和形状的图。示例如图 1-17 所示。

18. 布置图（arrangement drawing）

布置图用于表示各种电气设备和装置的布置形式、安装方式及相互位置之间的尺寸关系，通常由平面图、立面图、断面图和剖面图等组成。这种图按三视图原理绘制，与一般的机械图没有大的区别。示例如图 1-18 所示。

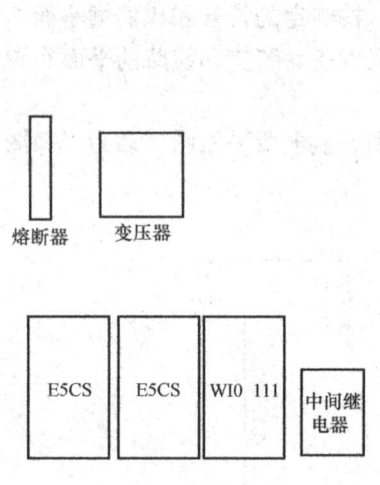

图 1-17　装配图示例

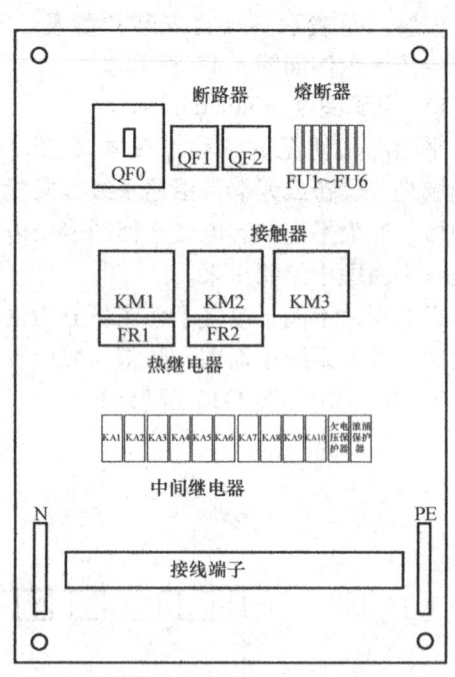

图 1-18　布置图示例

19. 接线图（connection diagram）

接线图是表示或列出一个装置或设备的连接关系的简图，电气接线图是为安装电气设备和元器件进行配线或检修电器故障服务的。在图中可显示出电气设备中各元器件的空间位置和接线情况，实际工作中接线图常与电气原理图结合使用。示例如图 1-19 所示。

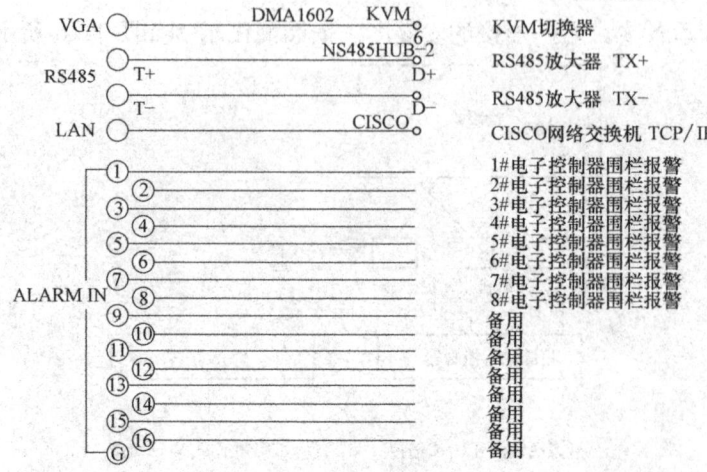

图 1-19　接线图示例

20. 接线表（connection table）

接线表是表示或列出一个装置或设备的连接关系的表格。示例如下：

线号	信号信息	信号类别
1	1#电子控制器围栏报警	周界报警信号输入
2	2#电子控制器围栏报警	周界报警信号输入
3	3#电子控制器围栏报警	周界报警信号输入
4	4#电子控制器围栏报警	周界报警信号输入
5	5#电子控制器围栏报警	周界报警信号输入
6	6#电子控制器围栏报警	周界报警信号输入
7	7#电子控制器围栏报警	周界报警信号输入
8	8#电子控制器围栏报警	周界报警信号输入
9	备用	周界报警信号输入
10	备用	周界报警信号输入
11	备用	周界报警信号输入

21. 单元接线图（unit connection diagram）

单元接线图是表示或列出一个结构单元内连接关系的简图。示例如图1-20所示。

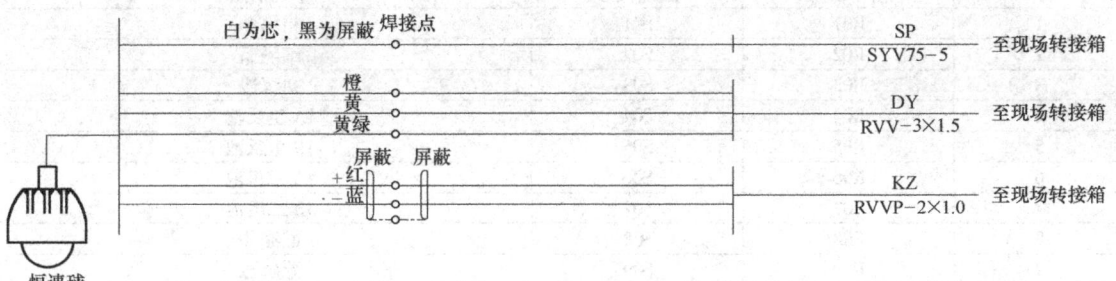

图1-20　单元接线图示例

22. 单元接线表（unit connection table）

单元接线表是表示或列出一个结构单元内连接关系的表格。示例如下：

序号	线色	代码	线缆型号	线缆去向
1	白	SP	SYV75-5	至现场转接箱
2	橙	DY	RVV-3×1.5	至现场转接箱
3	黄	DY	RVV-3×1.5	至现场转接箱
4	黄绿	DY	RVV-3×1.5	至现场转接箱
5	红(+)	KZ	RVVP-2×1.0	至现场转接箱
6	蓝(-)	KZ	RVVP-2×1.0	至现场转接箱

23. 互联接线图（interconnection diagram）

互联接线图是表示或列出不同结构单元之间连接关系的接线图。示例如图1-21所示。

```
①——S01         R01——
               ○    ○V1
②——S02         R02——
               ○    ○V1
③——S03         R03——
               ○    ○V1
④——S04         R04——
               ○    ○V1
⑤——S05         R05——
               ○    ○V1
⑥——S06         R06——
               ○    ○V1
⑦——S07         R07——
               ○    ○V1
⑧——S08         R08——
               ○    ○V1
⑨——S09         R09——
               ○    ○V1
⑩——S10         R10——
               ○    ○V1
⑪——S11         R11——
               ○    ○V1
⑫——S12         R12——
               ○    ○V1
⑬——S13         R13——
               ○    ○V1
⑭——S14         R14——
               ○    ○V1
```

粗隔栅
细隔栅
初沉池
4A生反池
4B生反池
5A二沉池
5B二沉池
配泥井
除磷池
1#变电所
2#鼓风机房
2#变电所高配间
2#变电所低配间
污泥脱水机房出污间

图1-21　互联接线图示例

24. 互联接线表（interconnection table）

互联接线表是表示或列出不同结构单元之间连接关系的接线表。示例如下：

线号	信号信息	线缆代号	单元信息
1	R01	S01	粗隔栅
2	R02	S02	细隔栅
3	R03	S03	初沉池
4	R04	S04	4A生反池
5	R05	S05	4B生反池
6	R06	S06	5A二沉池
7	R07	S07	5B二沉池
8	R08	S08	配泥井
9	R09	S09	除磷池
10	R10	S10	1#变电所
11	R11	S11	2#鼓风机房

25. 端子接线图（terminal connection diagram）

端子接线图是表示或列出一个结构单元的端子和该端子上的外部连接（也可含内部接线）的接线图。示例如图1-22所示。

26. 端子接线表（terminal connection table）

端子接线表是表示或列出一个结构单元的端子和该端子上的外部连接（也可含内部接线）的接线表。示例如下：

接线端子4(接至PL)		
1	L	接受 NO. 1
2	1-301	启/关
3	L	接受 NO. 2
4	2-301	启/关
5	L	接受 NO. 3
6	3-301	启/关
7	L	接受 NO. 4
8	4-301	启/关

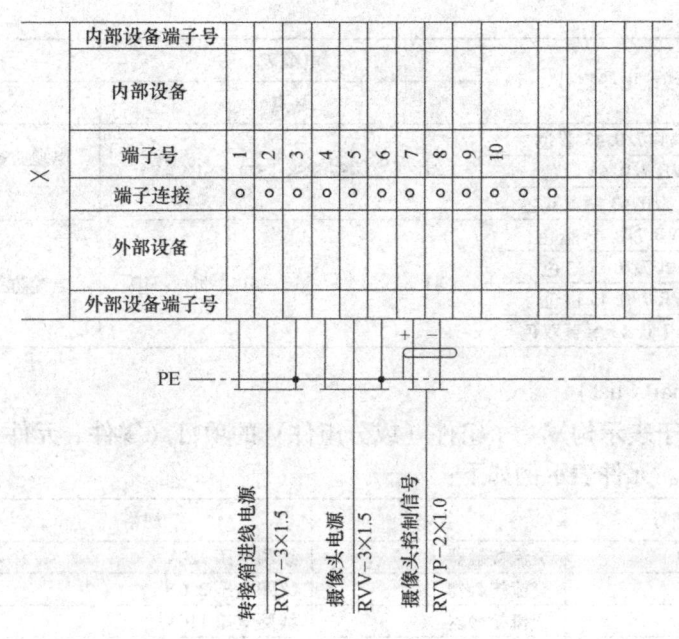

图 1-22 端子接线图示例

27. 电缆图（cable diagram）

电缆图是指用于提供有关电缆，诸如导线的识别标记、两端位置以及特性、路径和功能等的简图。示例如图 1-23 所示。

28. 电缆表（cable table）

电缆表是指用于提供有关电缆，诸如导线的识别标记、两端位置以及特性、路径和功能等的表格。示例如下：

电缆号	电缆型号	端	点	备　注
-W107	H05W-U3×1.5	+A	+B	
-W108	H05W-U2×1.5	+B	+C	辅助电源电压 AC 200V
-W109	H05W-U2×1.5	+C	+D	

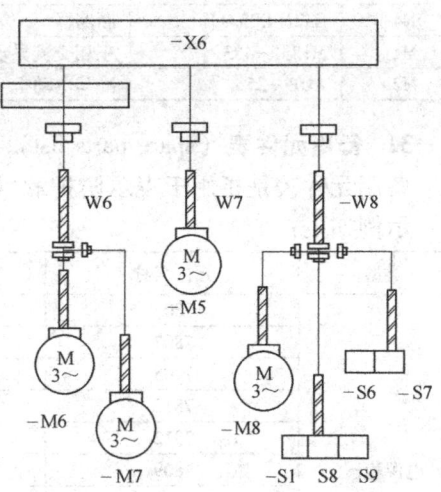

图 1-23 电缆图示例

29. 电缆清单（cable list）

电缆清单是指用于提供有关电缆，诸如导线的识别标记、两端位置以及特性、路径和功能等的表格。示例如下：

电缆号	电缆或电线型号	电缆表		90009
		端点		备注
-W1	9-BVR 7/0.43 蓝色	-X1	-X3	电缆防护采用钢管
	2-BVR 7/0.43 白色			
	2-BVR 7/0.43 绿黄双色			

（续）

电缆号	电缆或电线型号	电缆表		90009
		端点		备注
-W2	10-BVR 7/0.43 蓝色 2-BVR 7/0.43 白色 2-BVR 7/0.43 绿黄双色	-X1	-S3、-S8、-S11、-S12、-Y1	电缆防护采用包塑金属软管
-W3	18-BVR 7/0.43 蓝色 2-BVR 7/0.43 红色 2-BVR 7/0.43 白色 2-BVR 7/0.43 绿黄双色	-X1	-Y2、-S13、-S14、-M4、-S10	电缆防护采用包塑金属软管

30. 元件表（parts list）

元件表是指用于表示构成一个组件（或分组件）的项目（零件、元件、软件和设备等）和参考文件的表格。元件表示例如下：

项目代号	型号	名称	规格	数量	备注
J1	CJX2—09	交流接触器	线圈电压220V	14	
J2	NC8—32	交流接触器	线圈电压220V	7	
J3	3TB4017	交流接触器	线圈电压110V	5	
K1	C32N D06/3P	断路器	3P,6A	1	
K2	C32N D03/3P	断路器	3P,3A	1	
K3	C32N D03/2P	断路器	2P,3A	3	
K4	C32N D03/1P	断路器	1P,3A	4	
M1	M12M—483	三相交流异步电动机	AC 380V,4kW,1410r/min	1	
M2	AOB—25	冷却电动机	AC 380V,90W,2800r/min	1	

31. 备用元件表（spare parts list）

备用元件表是指用于表示防护和维修的项目（零件、元件、软件和散装材料等）的表格。示例如下：

类型	元件名称	封装	总数量	使用功能说明
电源稳压及转换类	7805		148	5V转换器
	7805	TO-220,每片都需要散热片	100	
	7905	TO-220,每片都需要散热片	100	
	7812	TO-220,每片都需要散热片	100	
	7912	TO-220,每片都需要散热片	100	
	7809	TO-220,每片都需要散热片	100	
	7909	TO-220,每片都需要散热片	100	
	7908		45	稳压
	7808		40	稳压
	LM317		19	可调稳压
	ICL7660CPA		20	正转负
	LM2576—3.3	TO–220	20	稳压3.3V
	LM2576—5.0BT	TO–220	20	稳压5V
	LM336—5		100	稳压5V
	LM336—2.5		100	稳压2.5V
	TL494CN		20	PWM控制器

32. 安装说明文件（installation document）

安装说明文件是指用于给出有关系统、装置、设备或元件的安装条件以及供货、交付、卸货、安装和调试说明或信息的文件。示例如下：

安装步骤：

1. 在其中一台服务器上安装 AD（安装 AD 的服务器定义为 A 服务器，另一台服务器为 B 服务器）。
2. 在 B 服务器安装 Office。
3. 把 B 服务器先加入 A 服务器的 AD。
4. 在 B 服务器上用域用户名（建议使用 COM、Administrator）安装 SQL 2008 R2 EnterPrise。
5. 在 B 服务器上用域用户名（建议使用 COM、Administrator）安装 Sharepoint 2010。
6. 在 B 服务器上用域用户名（建议使用 COM、Administrator）安装 TFS 2010。

备注：从第 4 步开始，为了减少安装时间，可以将防火墙设定为关闭。

33. 试运转说明文件（trial run document）

试运转说明文件是指用于给出有关系统、装置、设备或元件试运转和起动时的初始调节、模拟方式、推荐的设定值以及对为了实现开发和正常发挥功能所需采取措施的说明或信息的文件。示例如下：

目　　录

【1】　试运转前的准备 …………………………………………………………………… 1
【2】　单机试运转 ………………………………………………………………………… 1
【3】　带负荷试运转 ……………………………………………………………………… 2

34. 使用说明文件（usage document）

使用说明文件是指用于给出有关系统、装置、设备或元件的使用说明或信息的文件。示例如下：

目　　录

【1】　前言 …………………………………………………………………………………… 1
【2】　产品内容 …………………………………………………………………………… 2
【3】　其他必需品 ………………………………………………………………………… 3
【4】　使用方法 …………………………………………………………………………… 4
【5】　相关操作步骤 ……………………………………………………………………… 5
【6】　常见问题 …………………………………………………………………………… 8
【7】　相关产品 …………………………………………………………………………… 9

35. 维修说明文件（maintenance document）

维修说明文件是指用于给出有关系统、装置、设备或元件的维修程序的说明或信息的文件。例如某产品维修和保养手册中的部分内容如下：

（1）未发现故障的，设备返回客户，客户承担返回运费。
（2）经检测为质量问题，无需收取维修费用及相关运费。
（3）经检测为非质量原因损坏，需收取维修费和相关运费。

· 合同及发票：

需收取维修费及运费的情况：

（1）客户无需维修相关费用发票，收取费用，设备返回。
（2）客户需要维修相关费用发票，应与×××签订维修服务合同，由×××向客户开具服务费发票，客户支付×××维修相关费用，设备返回。

3. 产品过期处理说明

当产品超出质量保证期限，即使系"产品质量原因"导致的无法使用之情形，我司也将视情况收取相关费用或免予维修，主要分以下 3 种情况：

- 尚量产，需收取相关人工费及物流费用。
- 非量产，需收取元件替换费、人工费及物流费用。
- 已不生产，免予维修，需购买该产品之升级产品。

【电气图的主要特点】

1）电气图大多采用简图形式，是用图形符号、文字符号或简化的外形绘制而成。除了必须标明实物形状、位置、安装尺寸的图外，电气图的表现形式几乎都是简图，但所表示的内涵并不简单。

2）电气图中的电气线路都必须构成闭合回路，否则无法正常运行工作。

3）电气图的内容主体是：各种设备、元器件通过导线连接成为一个整体。

4）电气图的主要组成要素是图形符号和文字符号。

5）电气图中的元器件均按照自然初始状态绘制，也就是未通电、未受外力作用的非激励状态。

6）识读电气图时还应该阅读与之配套的其他工程图集和规范，以便全面了解安装方法、技术要求及相互间配合关系等。

7）电气图具有多样性，一个电气系统中各种电气设备装置之间，存在着不同维度关系。

① 能量流：电能的流向和传递。
② 信息流：信号的流向和传递。
③ 逻辑流：相互间的逻辑关系。
④ 功能流：相互间的功能关系。

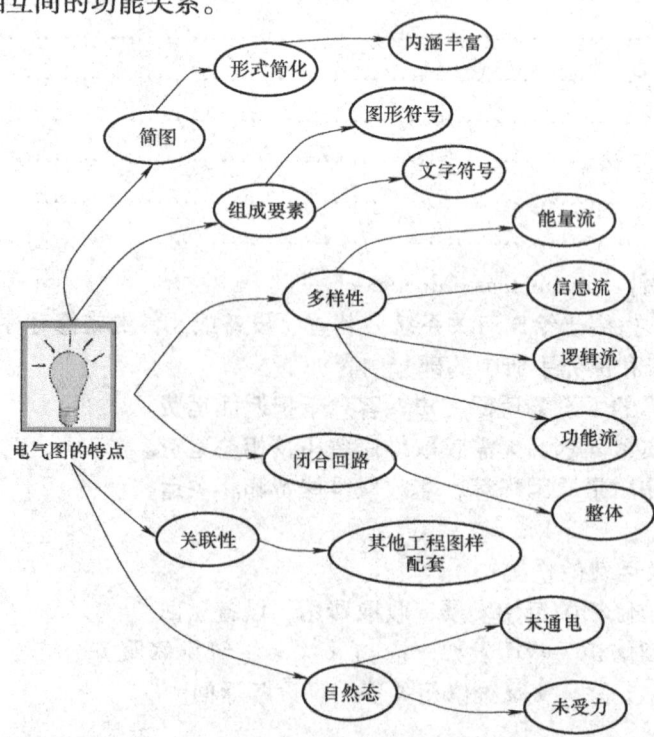

【知识拓展】

1. 电气图的目录与前言（catalogue and preface）

（1）目录　便于检索图样，由序号、图样名称、编号、张数等构成。示例如下：

序号	图 样 名 称	页码	页数	图幅	版本
1	封面	1	1	A4	C
2	目录	2-3	2	A4	C
3	安防	4	1	A4	C
4	中控室操作	5	1	A4	C
5	视频监控现场转	6	1	A4	C
6	视频监控现场转	7	1	A4	C
7	视频监控现场	8	1	A4	C
8	视频监控现场转	9	1	A4	C
9	视频监控恒速球	10	1	A4	C
10	供电柜	11	1	A4	C
11	供电柜	12-14	3	A4	C
12	供电柜×1 端	15	1	A4	C
13	供电柜×2 端	16	1	A4	C

（2）前言　包括设计说明、图例、设备材料明细表、工程经费概算等。

2. 其他种类的电气图

（1）爆炸图（exploded views）　爆炸图是指具有立体感的分解装配示意图，在日常生活中购买的各类日用品使用说明书中都有装配示意图，用来图解说明各构件。国家标准中也规定：工业产品的使用书中的产品结构优先采用立体图示。图 1-24 所示为爆炸图示例。

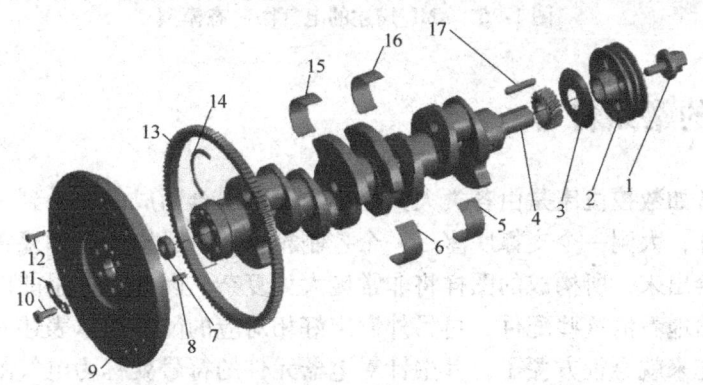

图 1-24　爆炸图示例

（2）大样图（drawing）　大样图表示电气工程中某一部件、构件的结构，用于指导加工和安装。图 1-25 所示为大样图示例。

（3）基于 XML 电气图描述　随着计算机辅助设计的推广，许多电气绘图软件的数据格式大量存在和应用，但这些数据格式往往互相独立、功能差异较大而且又无法方便地相互转化。在全球化背景下，数据格式的差异给电气技术人员之间的沟通与协调带来很大困扰。

XML（extensible Markup Language）是互联网联盟制定的一种通用语言规范，XML的最大特点是可扩展，允许用户创建描述数据的标记和文档类型定义的规则集。结合XML的扩展矢量图形标记可用来描述电气系统中元件和元件之间的拓扑连接关系，如图1-26所示。

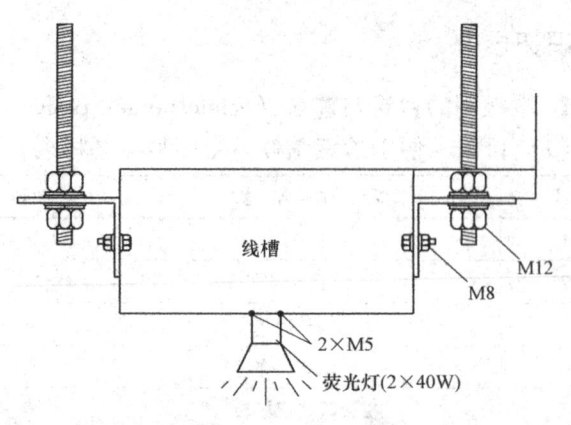

图1-25 大样图示例

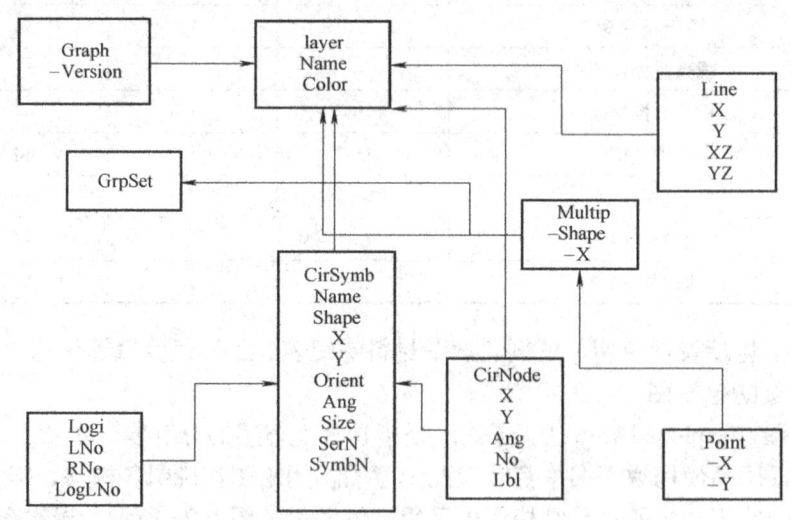

图1-26 XML描述的电气图静态模型

1.3 电气图的常用符号

大型电气设备如数控机床是由各类大大小小的配件组合而成的，小到一颗螺钉、一个电阻、一块集成芯片，大到一个支撑底座、一个控制箱、一块触摸屏，如果将这些组成部件一一按实际形状描绘出来，所构成的图样将非常庞大且复杂。因此，如果能以尽可能简洁的形式，使人一目了然地看清这些配件，再另外制定好相对应的能够简单表述其意义的文字书写符号，人们识读起来就会很方便了，其中针对电器元件的符号就称为电气图形符号。

【场景案例】

生活场景：用简单的符号、颜色等来传递复杂信息的例子生活中比比皆是，比如交通信号灯和交通标志指示牌。从小时候起小明就被妈妈反复教导：红灯停、绿灯行、黄灯等，过马路要走斑马线并注意观察。其实电气图也一样的道理，把复杂的实物信息进行简化。

工作场景：大明是一家制造工厂的设备工程师。当大明还是一名刚毕业的大学生时，进入目工厂首先面临的问题就是先看懂所负责的机床图样。一台机床图样有多少？满满两个柜子。其中电气图样部分大明最先要弄懂的就是各种电气图形符号及文字符号代表的含义。

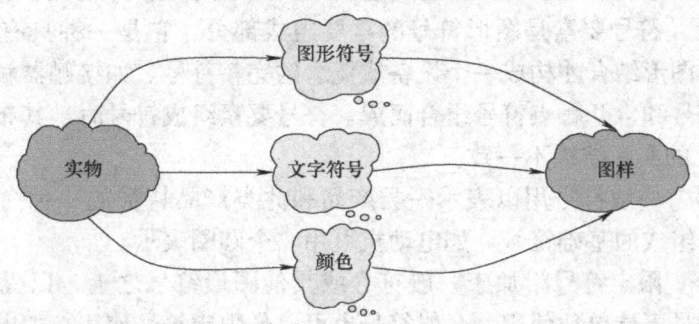

【电气图形符号的标准】

电气图是由人来绘制的，如果绘制人员任意制定各种符号来使用，那么一段时间后可能连绘制人员自己都忘记符号的真实含义了。因此，为了使看图的人能正确理解，需要规定统一的表示方法并按约定正确绘制图形。依据国家标准，电气图需要统一的文字符号、图形符号及画法。

目前电气行业存在两个被广泛使用且区别明显的标准，一个是 IEC 国际电工委员会标准，另一个是基于 MIL-STD 美国军方标准的国际流行标准。两个标准各有特色，难分伯仲。

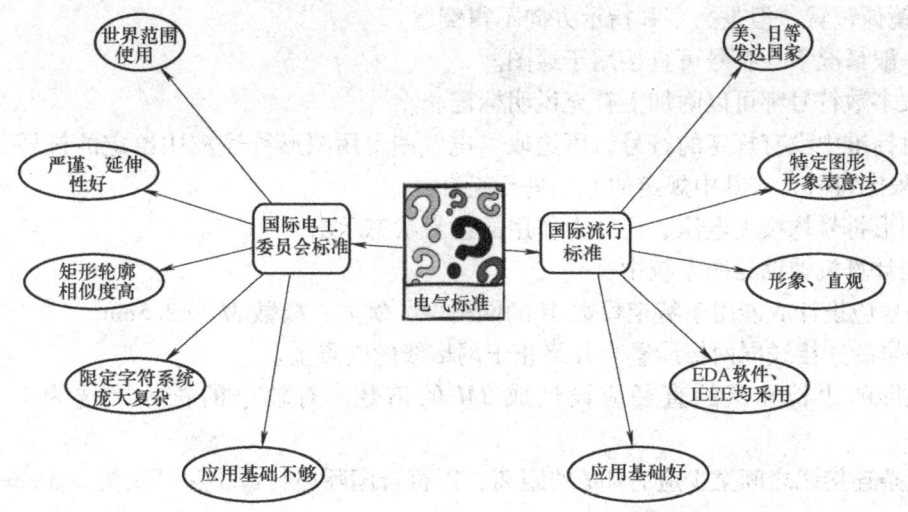

我国现行国家标准参照 IEC 标准设置，有关电气设备图样国标主要有：《电气图简图用图形符号》（GB/T 4728—2008）、《机械电气安全　机械电气设备　第 1 部分：通用技术条件》（GB 5226.1—2008）、《电气技术用文件的编制　第 1 部分：规则》（GB/T 6988.1—2008/IEC 61082-1：2006）、《工业系统、装置与设备以及工业产品——结构原则与参照代号　第 4 部分：概念的说明》（GB/T 5094.4—2005）和《集成电路记忆法与符号》（GB/T 20296—2012/IEC 61352）。

【电气图形符号】

图形符号不使用语言便能传递信息，通常以直观图形（或图像）、标记和字符，用以表示一个设备或概念的符号,可通过绘制、印制或其他手段获得。电气控制系统图中的图形符号必须按国家标准来绘制。图形符号含有符号要素、一般符号和限定符号。

(1) 符号要素　符号要素是图形符号的重要组成部分,它是一种具有确定意义的简单图形,必须同其他图形结合才构成一个设备或概念的完整符号。如接触器触点的符号就由接触器主触点功能符号和常开触点符号组合而成。符号要素组成符号时,其布置可以同符号表示的设备(器件)的实际结构不一致。

(2) 一般符号　一般符号用以表示一类产品和此类产品特征的一种简单的符号,还可作为其他图形符号组成的基础符号。如电动机可用一个圆圈表示。

(3) 限定符号　限定符号附加于一般符号或其他图形符号之上,以提供某种确定的或附加信息。限定符号不能单独使用,一般符号也可以作限定符号使用。如电容器的一般符号附加到传感器上即构成电容式传感器。

运用图形符号绘制电气图时应注意:

1) 符号尺寸大小、线条粗细依国家标准可放大与缩小,但在同一张图样中,统一符号的尺寸应保持一致,各符号之间及符号本身比例应保持不变。

2) 布置符号时,应使连接线之间的距离是模数 M(M 为 2.5mm)的倍数,一般为 $2M$(5mm),以便标注端子的标志。

3) 标准中示出的符号方位,在不改变符号含义的前提下,可根据图面布置的需要旋转,或成镜像位置,但是文字和指示方向不得倒置。

4) 一般情况下,符号可直接用于绘图。

5) 大多数符号都可以附加上补充说明标记。

6) 对标准中没有规定的符号,可选取《电气图常用图形符号》中给定的符号要素、一般符号和限定符号,按其中规定的原则进行组合。

7) 图形符号均按无电压、无外力作用的正常状态示出。

8) 在计算机辅助绘图系统中:

① 符号应设计成能用于特定模数 M 的网格中,例如:模数 M 为 2.5mm。

② 符号的连接线同网格线重合并终止于网格线的交点上。

③ 矩形的边长和圆的直径应设计成 $2M$ 的倍数,对较小的符号则选为 $1.5M$、$1M$ 或 $0.5M$。

④ 两条连接线之间至少应有 $2M$ 的距离,以符合国际通行最小字符高为 2.5mm 的要求。

【文字符号】

文字包括汉字、字母和数字,图样中文字包括图形符号中的文字、标示文字和附注文字等。文字符号用于电气技术领域中技术文件的编制,也可以标注在电气设备、装置和元器件上或近旁,以表示电气设备、装置和元器件的名称、功能、状态和特性。

文字符号分为基本文字符号和辅助文字符号。

(1) 基本文字符号　基本文字符号有单字母符号与双字母符号两种。单字母符号按拉丁字母顺序将各种电气设备、装置和元器件划分为 23 大类,每一类用一个专用单字母符号表示,如"C"表示电容器类,"R"表示电阻器类等。

双字母符号由一个表示种类的单字母符号与另一个字母组成,且以单字母符号在前,另一个字母在后的次序排列，如"F"表示保护器件类，则"FU"表示为熔断器，"FR"表示为热继电器。

（2）辅助文字符号　辅助文字符号用来表示电气设备、装置和元器件以及电路的功能、状态和特征。如"L"表示限制，"RD"表示红色等。辅助文字符号也可以放在表示种类的单字母符号之后组成双字母符号，如"YB"表示，"SP"表示压力传感器等。辅助字母还可以单独使用，如"ON"表示接通，"M"表示中间线，"PE"表示保护接地等。

【接线端子标记】

1）三相交流电路引入线采用 L1、L2、L3、N、PE 标记，直流系统的电源正、负线分别用 L+、L- 标记。

2）分级三相交流电源主电路采用三相文字代号 U、V、W 的前面加上阿拉伯数字 1、2、3 等来标记。如 1U、1V、1W、2U、2V、2W 等。

3）各电动机分支电路各接点标记采用三相文字代号后面加数字来表示，数字中的个位数表示电动机代号，十位数字表示该支路各结点的代号，从上到下按数值大小顺序标记。如 U11 表示 M1 电动机的第一相的第一个节点代号，U21 表示 M1 电动机的第一相的第二个节点代号，依此类推。

4）三相电动机定子绕组首端分别用 U1、V1、W1 标记，绕组尾端分别用 U2、V2、W2 标记，电动机绕组中间抽头分别用 U3、V3、W3 标记。

5）控制电路采用阿拉伯数字编号。标注方法按"等电位"原则进行，在垂直绘制的电路中，标号顺序一般按自上而下、从左至右的规律编号。凡是被线圈、触点等元件所间隔的接线端点，都应标以不同的线号。

【颜色标示】

根据国家标准规定，为便于识别成套装置中各种导线的作用和类别，明确规定各类导线的颜色标志如下：

1）黑色：装置和设备的内部布线。

2）棕色：直流电路的正极。

3）红色：交流三相电路的第三相（L3 相）；晶体管的集电极；二极管、整流二极管、晶闸管的阴极。

4）黄色：交流三相电路的第一相（L1 相）；晶体管的基极；晶闸管和双向晶闸管的门极。

5）绿色：交流三相电路的第二相（L2 相）。

6）蓝色：直流电路的负极；晶体管的发射极；二极管、整流二极管、晶闸管的阳极。

7）淡蓝色：交流三相电路的零线或中性线（N）；直流电路的接地中间线。

8）白色：双向晶闸管的主电极；无指定用色的半导体电路。

9）黄绿双色：安全用的接地线（保护地 E）。

10）红、黑色并行：用双芯导线或双根绞线连接的交流电路。低压电力电容器属柜内布线可以用黑色，但又属于电力系统，也可以采用黄、绿、红按相序连接。

编制电气技术用文件时可以采用如下标准：

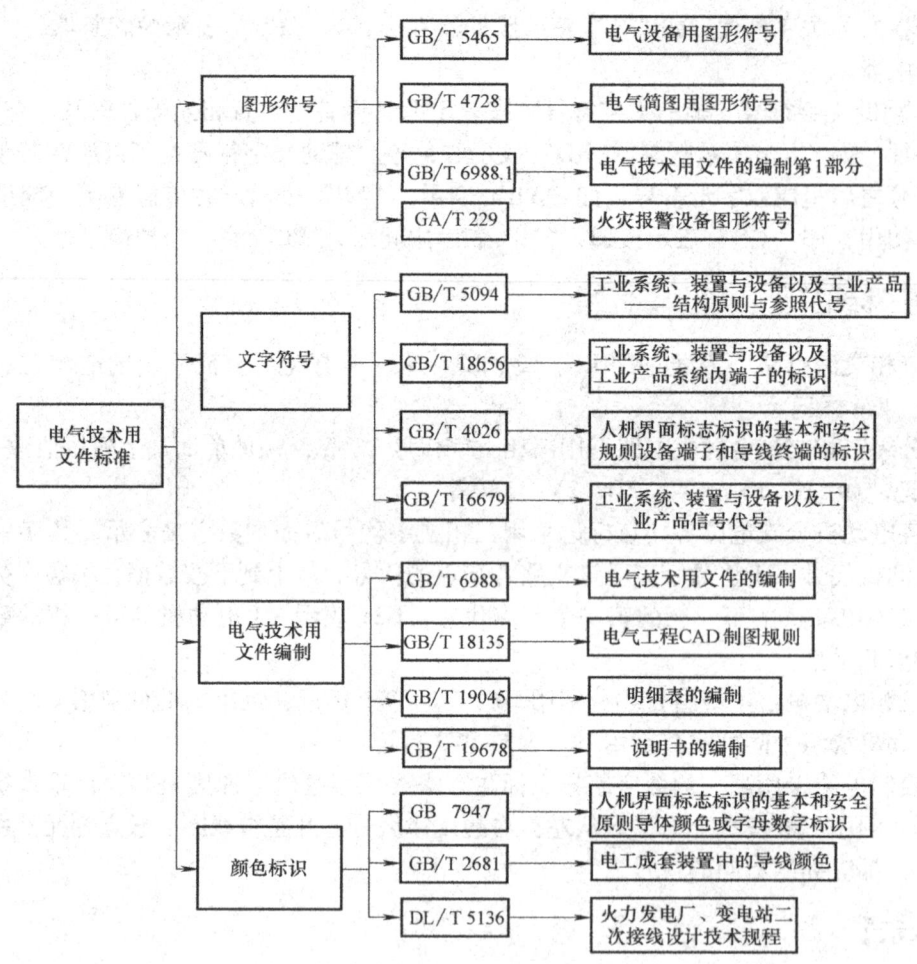

【知识拓展】

1. 电气标准的历史

我国电气图形符号最早借鉴的是苏联的符号，1964年中华人民共和国科学技术委员会发布了我国第一批电气图形符号的国家标准：GB312~GB316。随着改革开放和科技的发展，原有的电气图形符号标准已不能满足使用要求，国家标准局于1984年和1985年发布了《电气图用图形符号》标准，编号为GB4728.1~GB4728.13。此后为与国际接轨又陆续在20世纪90年代及21世纪初对相关标准进行了变更和扩充。

国家标准规定：所有电气技术文件、图样和出版物一律使用新国标，废止的旧国标不准使用。

2. 新旧标准对比

电气图形符号标准虽然已经实施，但在很多电路图样、教材和工具书中并没有认真执行，许多电气专业书籍中对电气符号的使用依然混乱，虽然国家在进行电气工程图形符号的改革，新的电气工程符号使用标准虽然在很多科技类文件和教课书中已经颁布，但是很多旧电气符号甚至是20世纪八九十年代早已废止的电气图形符号和文字符号，不仅没有被淘汰，反而出现在很多教材中，造成了新旧标准使用混乱的局面。这些新旧符号同时使用的现象影响了电气工程的教育和施工，为电气专业发展带来了很多麻烦。

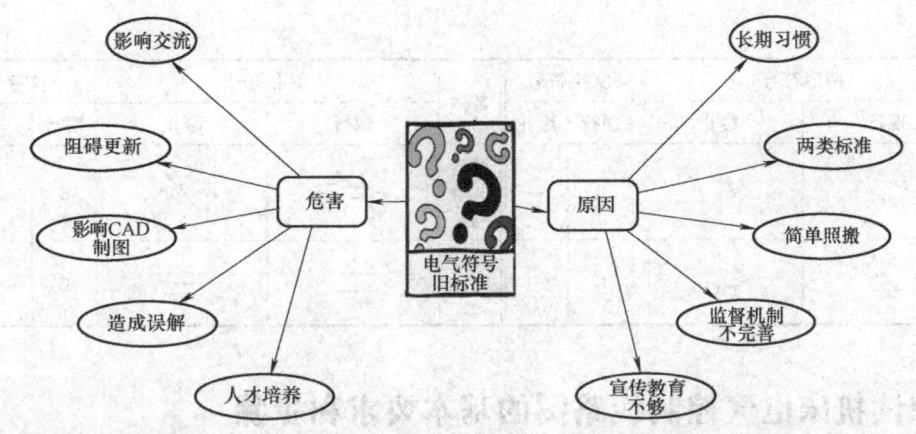

电气符号使用旧标准带来的影响：一不适应电气技术的交流和更新，阻碍国际先进电气技术的引进；二是不利于计算机 CAD 制图，阻碍电气技术信息化步伐；三容易在教学中给师生造成困扰和误解，教材、资料和现行标准的不统一将会影响电气专业技术人员的培养。

电气符号使用混乱的原因大致有以下四类：一是老的技术人员已习惯旧标准，在传帮带中很容易对新人造成影响；二是国际上本身就有两类标准共存，即国际电工委员会标准和国际流行标准，我国标准是依据 IEC 标准制定的尚无法做到两类标准的完全融合与统一；三是很多电气类书籍一味简单照搬、互相借鉴，不肯静心研究自然内容不规范；四是审核监督机制不够完善，也使得现行图书、图样、视频、图片等中出现的电气符号标准不统一。

与此相对应的解决措施：制定强有力的审核、监督及处罚机制；加强新标准的宣传教育力度；增加符合现行标准电气符号的使用率。下面的表格列出了常见新旧标准符号对比。

典型电气简图图形符号新旧对照

名称	图形符号		文字符号		名称	图形符号		文字符号	
	现行	废止	现行	废止		现行	废止	现行	废止
直流电动机	Ⓜ	Ⓓ	M	D	交流电动机	Ⓜ	Ⓓ	M	D
直流发电动机	Ⓖ	Ⓕ	G	F	交流发电动机	Ⓖ	Ⓕ	G	F
变压器			T	B	按钮			SB	AK
接触器常开触点			KM	JC	接触器常闭触点			KM	JC
半导体二极管			V	D	发光二极管			VD	LED
晶体管			V	T	稳压二极管			VD	ZD

(续)

名称	图形符号		文字符号		名称	图形符号		文字符号	
	现行	废止	现行	废止		现行	废止	现行	废止
电阻器	─□─	─∧∧∧─	R	—	可调电阻器			R	—
电容器	─┤├─	─┤├─	C	—	极性电容器			C	—

1.4 识读机床电气控制线路图的基本要求和步骤

看电气图时，应弄清看图的基本要求，掌握好看图步骤，才能提高看图的水平，加快分析电路的速度。

首先要具备和电气图有关的电工、电子基本理论知识，其次要熟悉电气图各常用符号和了解电气图中各种元器件的结构、作用和工作原理，再结合典型电路及相关背景资料，根据制图规则进行识图。本节主要讲述看电气图的基本要求和基本步骤，为以后绘制、识读各类电气图提供总体思路和引导。

【场景案例】

生活场景：小明家里每添置一台电气设备，一般总是小明的爸爸先阅读使用说明书并依照说明文件对设备进行安装调试，然后再教会家庭各成员使用方法，每当这个时候小明总是以崇拜的目光看父亲期望有朝一日也能像爸爸那样拥有识读学习能力。

工作场景：大明所在工厂今年新增加一条生产线，引进了很多进口设备，从前期场地勘察、土建施工、水电气管路设施到位、到设备进场安装调试并试运行生产，大明参与了全过程，综合能力提高了一大截，特别各类图样的识读能力得到了实战历练。

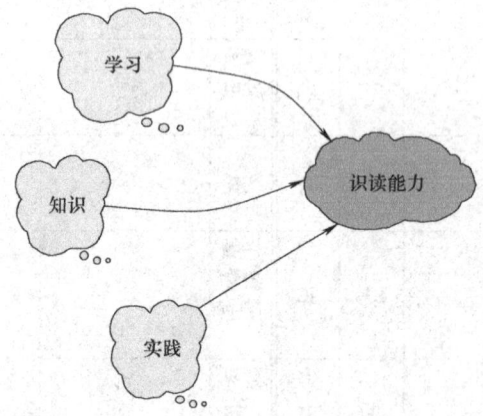

【看电气图的基本要求】

（1）具有维修电工专业的基础知识　要识读电气图就必须具备维修电工专业广泛的基础知识，如电工学、模拟电子、数字电子等，此外多了解机械基础、液压传动、土建安装等相关行业知识对理解电气图也有很大的帮助。作为一名优秀的电气工作者，阅读电气图必须具备多方面的知识及技能，才能准确无误地阅读图样。只有掌握了相关的专业知识，才能为识图打下良好的基础。

（2）熟记电气图形符号、文字符号等相关标准规范　图形符号是构成电气图的基本单元，是电工技术文件的"象形文字"，是电气工程语言的"词汇"和"单词"。因此，正确熟练地理解、绘制和识别各种电气图形符号是电气制图和识图的基本功。

有关电气图的符号很多，要做到熟记会用。如同学习外语要背单词、记语法一样，识读电路图首先要熟记本专业的电气图形符号、文字符号、数字符号、回路编号等国标以及相应的制图规范，然后逐步扩展掌握更多的符号及规定，就能拓展识读更多跨专业的电路图。

（3）了解各类电器元件的性能、工作原理　组成电气设备的各类电器元件在电气图中是用图形符号、文字符号来代表的，如刀开关、按钮、熔断器、热继电器、接触器等电器元件，要了解其结构、工作原理、特点，清楚有关触点动作前后状态的变化关系。

电工学主要涉及的就是电器和电路。电路通常分为主电路和辅助电路。主电路一般包括发电动机、变压器、开关、熔断器、电容器、电力电子器件和负载（如电动机）等，辅助电路一般包括继电器、仪表、指示灯、控制开关等。电器是电路不可缺少的组成部分。在电动机控制系统电路中，常常用到各种继电器、接触器和控制开关。识图者应了解这些器件的性能、原理、结构、相互关系及在电路系统中的相互关系。

（4）熟悉典型基本单元电路　再复杂的电路也都是由基本单元电路组成的，对基本单元电路进行分类，清楚基本单元电路的控制特点、保护环节、优缺点，如自锁、互锁、顺序控制、多地控制等电路控制规律。熟悉并掌握各种典型电路，有利于对复杂电路的理解，能在短时间内将复杂电路分解成若干环节，理清相互关系，抓住核心部分，从而看懂较复杂的电路。

（5）掌握各类电气图绘制特点　大型电气图样都是成套成册，包含各种类型电气图，识读图样时应将各种有关的图样联系起来，对照阅读。如阅读目录、使用说明了解总体概况，通过概略图、电路图、管线图找联系，通过位置图、接线图找位置，跨专业交错阅读会收到事半功倍的效果。

电气图的绘制有一些基本规则和要求，这些规则和要求是为了加强图样的规范性、通用性和示意性而提出的，可以利用这些制图的知识准确识图。识读电路图的最高境界是能够按规范设计电路图。

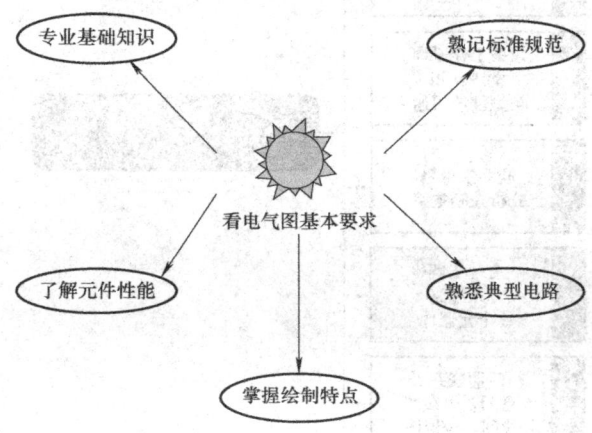

【看电气图的基本步骤】

(1) 熟悉机床硬件设备设施，为识读电路做准备　先了解机床设备的基本结构、运行情况、工艺要求和操作方法，以便对生产机械的结构及其运行情况有一个总体的了解，进一步明确该机床对电力拖动的控制要求，为分析电路图做好前期准备。

(2) 识读电路图与机床电器实物之间的对应关系　对现场设备进行查勘，对设备内外组成元件的外形、尺寸、位置、工作状态做到了然于胸，并将实物与电路图建立对应关系，为更好、更快地识读电路图打下坚实基础。

(3) 认真阅读设备产品说明书、操作手册及维护保养手册　进一步了解设备的工作原理、动作顺序，对该电气图的类型、性质、用途有清晰的认识。结合已有电工电子知识，对电气图的类型、性质、作用有一个明确的认识，从整体上理解图样的概况和电气图要表述的重点。

(4) 看系统图和框图　系统图和框图表示了整体系统的基本组成、相互关系和主要特征，查看系统图和框图有助于我们对整体系统进行全面了解。

(5) 看电路图联系主电路，分析控制电路　主电路采用从下往上看，即从用电设备开始，经控制元件，依次往电源看；从每台电动机、电磁阀等执行电器的控制要求去分析起动控制、方向控制、调速控制和制动控制等内容。

控制电路采用从上往下、从左往右的原则，先从控制电源入手，看电源的性质、电压等级；再看控制电路如何影响主电路，细分到每条回路，一条回路控制一个用电器；最后要了解清楚每条回路、每一个触点的作用及其相互间的联系与制约。

再分析辅助控制电路、联锁保护环节等，将电路化整为零分析局部功能，最后将各部分归纳起来全面掌握。

(6) 电路图与接线图、土建图、管线图等对照　识读图样不能孤立地看电路图，现代化大型电气设备的正常运行离不开土建、气路管线、液压管线、通信线路等工程才的配合。

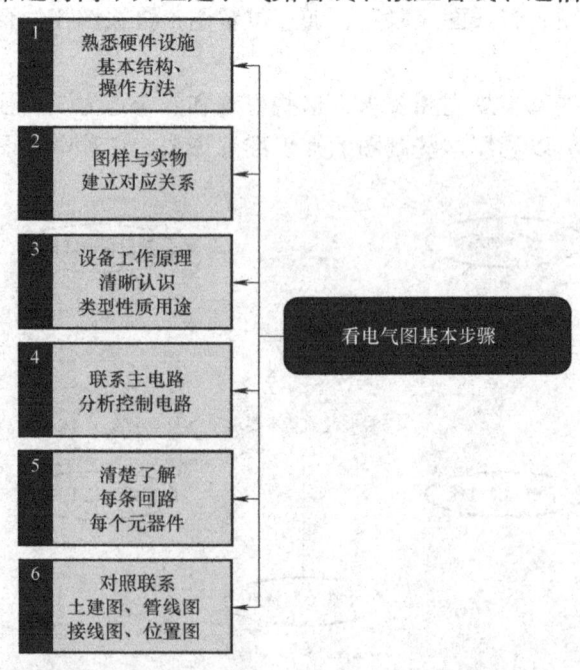

【看电气图的技巧和注意事项】

1) 读图时建议按照先粗读,从头到尾大致浏览一遍,了解基本概况做到心中有数;再细读,仔细阅读每张电气图明了内容要点;最后精读,仔细阅读并掌握关键部位及控制环节。

2) 读图切忌粗糙,应精细;读图忌讳囫囵吞枣,应细嚼慢咽。所谓粗读只是读图的一个步骤,粗读而不粗,必须掌握一定的内容,了解电气图的概况。

3) 读图时要准备做记录,要做到边读边记,记录设备规格型号及台数、大型电动机起动方式等;图样表达不清或不齐全的部位、图样有误或功能不能实现、图样与标准不符有较大出入,应记录并在图上相应位置用铅笔标注,以便核查。

4) 读图时必须弄清各种图形符号和文字符号,弄清各种标注的意义。对于一些不规范或旧标准的符号和标注,应查阅相关资料和依据,不得随意定义其含义。

5) 读图切忌烦躁,切忌急于求成;读图时要精神高度集中,一定要一张一张,一个回路一个回路,一个单元一个单元地逐一阅读,不得求成心切。

6) 读图时应将各种有关有图样对应联系起来,对照阅读。如通过框图、原理图找联系,通过接线图、布置图的端子、电缆编号等找位置,交错阅读会收到事半功倍的效果。

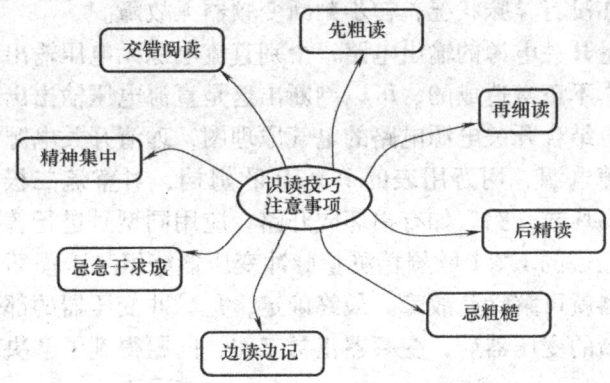

【知识拓展】

1. 数据库形式标准

国际电工委员会根据世界新科技发展的形势和标准的应用要求于2001年首次发布了数据库形式的国际标准IEC 60617,同时取消了该标准的纸质文本发布。为了解决标准图形符号的兼容性问题,国际电工委员会和国际标准化组织合作创建了设备用图形符号数据库。

数据库形式标准作为一种新的标准形式与传统的标准有诸多不同,数据库形式标准是动态管理的,可对新需求符号及时评估、确认和发布,对不符合新技术要求的内容随时取消。采用数据库形式标准的好处是不用因增加或更改一两个数据而频繁发布新标准,而是更好地适应了新技术、新设备、新功能等对数据库信息不断实时更新的要求。这是一种新的标准申请、确认、批准、发布程序,格式化处理、修订标准内容,以在线网络数据库形式运行的标准就是数据库形式标准。

需要说明的是,数据库形式标准中的每一项都使用元数据进行精确描述,标准的内容存储在数据库中，标志性特点是经发布后在线运行的标准。需要强调的是，数据库形式标准不是指以纸质、光盘、优盘等形式发布的标准，而是指在线数据库形式的标准，以纸质、光盘、优盘等形式发布的标准仅仅是数据库形式标准的一个"打印版"。可以预见的是，数据库形式标准是未来标准发展和改革的方向，无论是数据集类标准还是传统型标准都将逐步转化成数据库形式标准。相信随着数据库形式标准的建立和推广，有助于我国的产业信息化、进而提升我国国际竞争力。

2. 有效排除故障

机床的检修是以电气图作为重要的参考依据，故障维修时通常由故障现象出发，结合电气原理图分析电路工作顺序、逐步缩小故障范围并判断故障区域，最终由位置图、接线图锁定故障点所在部位。可以说，电气图是机床电气故障排除的基础，只有快速准确地查找到故障点并及时排除，才能使机床设备恢复正常运行的工作状态。

以某水厂变频器控制恒压供水系统一次故障维修案例来说明电气图样在有效排除故障中的作用。一天晚上中央控制室值班人员突然发现生产监控系统显示进水口 1# 变频器发生停机故障，巡检当班人员赴现场检查后回馈给维修部门的情况是电源正常但变频器不工作。接到抢修任务的维修工程师赶到现场查勘后，首先查找变频器的工作原理图，然后打开变频器的机箱盖，根据各元器件的工作原理图对照实物接线图进行检查，各路熔断器均正常，功能模块也无烧毁痕迹，亦没有异味状况，初步判断变频器无故障。

沿源头检查，测量开关电源的输出电路，个别直流电源无电压输出。这样的故障显然是开关电源电路部分工作不正常造成的，可以判断出这是直流电压输出出现故障，故障范围缩小至开关电源电路。再结合开关电源电路的电气原理图，理清开关电源电路的工作过程。

在此基础上，停掉电源，用万用表的 R×10 欧姆档，对整流二极管的阻值逐个测量，判断整流二极管有无损坏或开路。如有损坏或开路，应用同型号进行替换。确保整流二极管能正常工作后，再万用表的 R×1 欧姆档测量脉冲变压器绕组是否损坏，如有损坏，及时更换同规格的脉冲变压器就可解除此故障。最终确定，是脉冲变压器的部分输出线圈匝间短路所造成的，更换一个新的变压器后，变频器正常工作，问题得到了解决。

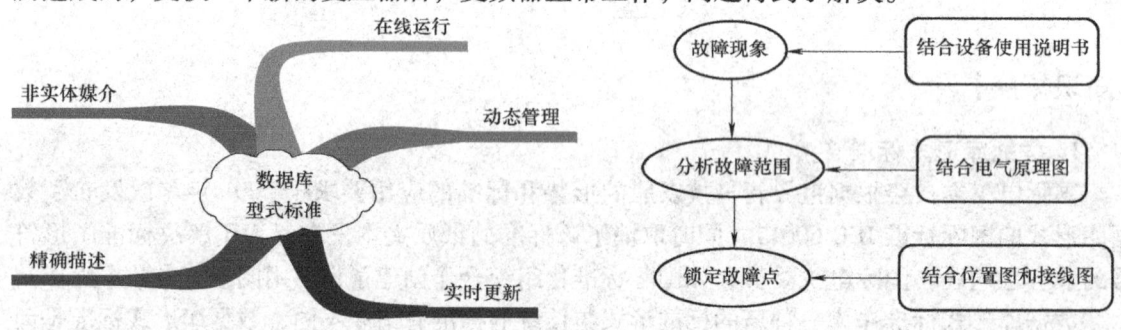

1.5 绘制电气图的一般规则和方法

一般地，能够绘制电气图的人一定会看电气图。电气图是电气技术人员的语言，是他们共同沟通的工具，电气图的绘制要求非常严格。绘制电气图有一定的规范，技术人员对电气图包含的内容一定要非常熟练地掌握，了解和掌握绘制电气图的一般规则，有助于快速、准确地看图。

【场景案例】

生活场景：绘画有很多流派，如工笔画、写意泼墨画、素描、油画等，正所谓外行看热闹，内行看门道，我们普通人对绘画作品主要是从感官直觉来感受画得像不像、看着是否舒服；高一点层次看作品的内涵、意境；专业的则从用笔、用色等绘画技巧来评鉴；至于鉴定专家则可能要从纸张、印章、笔迹等多方面来辨别画的真伪。可以说，在绘画层面掌握越多的绘制规则，则越能从图中看出更多的内容。

工作场景：大明作为工厂的设备工程师，有时会接到画电路图的任务：比如画应用软起动器的电动机运行原理图。大明用专业电气CAD软件画出电气图后，经审核后交安装接线工在电气柜里依照图样安装，安装工有时看不明白图样就会向工程师大明请教，大明则及时解答相关问题并指导安装。

【电气图样的构成】

1. 图纸格式

一张完整图样由边框线、图框线、标题栏、会签栏等组成。

1）标题栏是用来确定图样的名称、图号、张次、更改和有关人员签署等内容，位于图样的下方或右下方，也可放在其他位置。图样的说明、符号均应以标题栏的文字方向为准。

2）我国没有统一规定标题栏的格式，通常标题栏格式包含内容有设计单位、工程名称、项目名称、图名、图别和图号等。

3）会签栏留给相关的土建、水、暖、建筑、工艺等专业设计人员会审图样时签名用的。

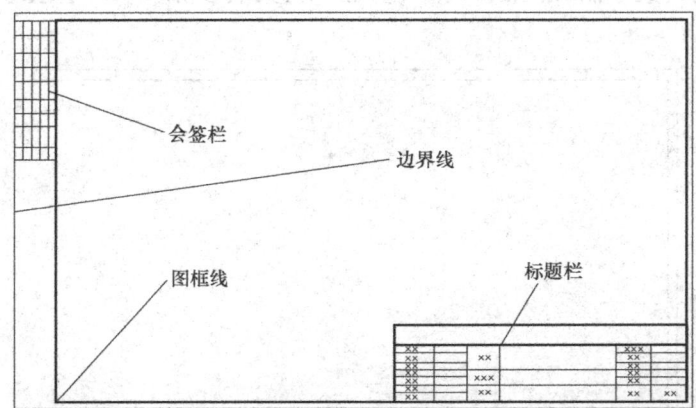

2. 图幅尺寸

由边框线围成的幅面为图样幅面，分5类：A0~A4。

图幅尺寸的选择原则是：电气图的规模与复杂程度；能够清晰地反映电气图的细节；整

套图样的幅面尽量保持一致；便于装订和管理；CAD 绘制时，输出设备（打印机、绘图仪等）对于输出幅面的限制。如果需要加长的图纸，应采用下面两个表格中规定的幅面。

国际标准（ISO） （单位：mm）

图幅代码	宽边尺寸 b	长边尺寸 l	长边加长后尺寸
A0	841	1189	1189×1682、2523
A1	594	841	841×1783、2378
A2	420	594	594×1261、1682、2102
A3	297	420	420×681、1189、1486、1783、2080
A4	210	297	297×630、841、1051、1261、1471……

注：加长图幅的尺寸是由基本图幅的宽边乘以整数倍增加后得出。

ANSI 美国国家标准 （单位：in）

图幅尺寸	宽边尺寸 b	长边尺寸 l
A	9	12
B	12	18
C	18	24
D	24	36
E1	30	42
E	36	48

3. 图幅分区

对各种幅面的图纸进行分区表示电气图中各个组成部分在图上的位置，便于直观反映绘图的范围及确定相互之间的关系。分区应该是偶数，每一分区的长度应为等距离，一般不小于 25mm，不大于 75mm。

每个分区内竖边方向用大写拉丁字母，横边方向用阿拉伯数字分别编号，编号的顺序应从标题栏相对的左上角开始，每区的起点从内线交叉点算起。分区代号用该区域的字母和数字表示，字母在前，数字在后，如 F5、D3。在一份具有多张图样中，张次之间的图区分号不应连续。

4. 图线

为了使图形清晰、含义清楚、绘图方便，按国家标准规定，应采用标准规定的图线形式。

国家标准规定的图线形式

名称		线型	线宽	一般用途
实线	粗	——————	b	主要可见轮廓线
	中	——————	$0.5b$	可见轮廓线
	细	——————	$0.25b$	可见轮廓线、图例线
虚线	粗	— — — —	b	计划扩展内容用线、机械连线
	中	— — — —	$0.5b$	不可见轮廓线、辅助线
	细	- - - - -	$0.25b$	不可见轮廓线、图例线
单点画线	粗	—·—·—	b	分界线、结构围框线
	中	—·—·—	$0.5b$	功能围框线、分组围框线
	细	—·—·—	$0.25b$	中心线、对称线等
双点画线	粗	—··—··—	b	分界线、辅助围框图
	中	—··—··—	$0.5b$	辅助围框图
	细	—··—··—	$0.25b$	假想轮廓线、成型前原始轮廓线
折断线		∨	$0.25b$	断开界线
波浪线		∼∼	$0.25b$	断开界线

5. 宽度

图线宽度及组别一般可从以下序列（单位为 mm）中选取：0.25（0.13），0.35（0.18），0.5（0.25），0.7（0.35），1.0（0.5），1.4（0.7），其中 0.35（0.18），0.5（0.25）组别为优选。

通常只选用两种宽度的图线，粗线的宽度为细线的两倍。但在某些图中，可能需要两种以上宽度的图线，在这种情况下线的宽度应以 2 的倍数依次递增。

线宽组 （单位：mm）

线宽比	线宽组					
b	2.0	1.4	1.0	0.7	0.5	0.35
$0.5b$	1.0	0.7	0.5	0.35	0.25	0.18
$0.25b$	0.5	0.35	0.25	0.18	—	—

注：1. 需要微缩的图样，不宜采用 0.18mm 及更细的线宽。
2. 同一张图样内，各不同线宽中的细线，可统一采用较细的线宽组的细线。

图框线、标题栏线的宽度 （单位：mm）

幅面代号	图框线	标题栏外框线	标题栏分格线、会签栏线
A0、A1	1.4	0.7	0.35
A2、A3、A4	1.0	0.7	0.35

6. 字体

《技术制图 字体》（GB 14691—1993）规定，汉字采用长仿宋体，字母、数字可用直体、斜体；字体号数（即字体高度，单位 mm）分为 20，14，10，7，5，3.5 和 2.5 七种。字体宽度约等于字体高度的 2/3，而数字和字母的笔画宽度约为字体高低的 1/10。因汉字笔画较多，不宜用2.5号字。

长仿宋体字高宽关系 （单位：mm）

字 高	20	14	10	7	5	3.5
字 宽	14	10	7	5	3.5	2.5

拉丁字母、阿拉伯数字与罗马数字书写规则

大写字母高度	一般字体	窄字体
大写字母高度	h	h
小写字母高度（上下均无延伸）	$7h/10$	$10h/14$
小写字母伸出的头部或尾部	$3h/10$	$4h/14$
笔画宽度	$h/10$	$h/14$
字母间距	$2h/10$	$2h/14$
上下行基准线最小间距	$15h/10$	$21h/14$
词间距	$6h/10$	$6h/14$

7. 箭头和指引线

电气图中的箭头有两种形式：开口箭头表示电气连接上能量或信号的流向；实心箭头表示力、运动、可变性方向。

指引线用于指示注释对象，其末端指向被注释处，并在其末端加注以下标记。若指在轮廓线内，用一黑点表示；若指在轮廓线上，用一箭头表示；若指在电气线上，用一短线表示。

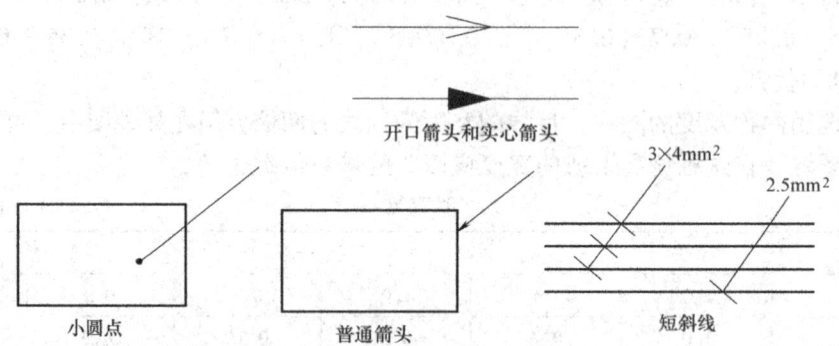

8. 图框

图框用于集中表示功能单元、结构单元或项目组，通常用点画线框表示。图框的形状可以是不规则的，但不能与元件符号相交。

9. 比例

图上所画图形符号的大小与物体实际大小的比值称为比例。电气线路图一般不按比例绘制，但是位置平面图等须按比例或部分按比例绘制。电气图常用比例有1:10，1:20，1:50，1:100，1:200和1:500等。

绘图所用的比例

常用比例	1:1、1:2、1:5、1:10、1:20、1:50、1:100、1:150、1:200、1:500、1:1000、1:2000、1:5000、1:10000、1:20000、1:50000、1:100000、1:200000
可作比例	1:3、1:4、1:6、1:15、1:25、1:30、1:40、1:60、1:80、1:250、1:300、1:400、1:600

10. 尺寸标注

电气图标注尺寸是电气工程施工和构件加工的重要依据。

尺寸标注由尺寸线、尺寸界线、尺寸起点（实心箭头和45°斜短划线）、尺寸数字 4 各要素组成。

图纸上尺寸通常单位为 mm，除特殊情况外，图上一般不另注标注单位。

11. 注释与详图

在图形符号表达不清楚的地方或不便表达的地方可以加上注释。注释有两种形式：一是直接放在所要说明的对象附近；二是加标记，将注释放在另外的位置或另一页。

当图中有多个注释时，应把这项注释按编号顺序放在图样边框附近。如果是多张图样，一般性注释放在第一张图上，其他注释则放在与其内容相关的图样上。

注释方法可采用文字、图形、表格等形式，其目的是把对象表达清楚。实质上是用图形来注释，相当于机械制图的剖面图，即将电气装置中某些零件、连接点等结构、安装工艺等放大并详细表达出来。

详图可放在要详细表示的对象的图上，也可放在另一图上，但必须要用一个标志将它们联系起来。标注在总图上的标志称为详图索引标志，标注在详图位置上的标志称为详图标志。详图示例如下：

箱体尺寸(高×宽×深)：2000×800×600
安装方式：落地安装，槽钢底座高度为200mm

注释示例

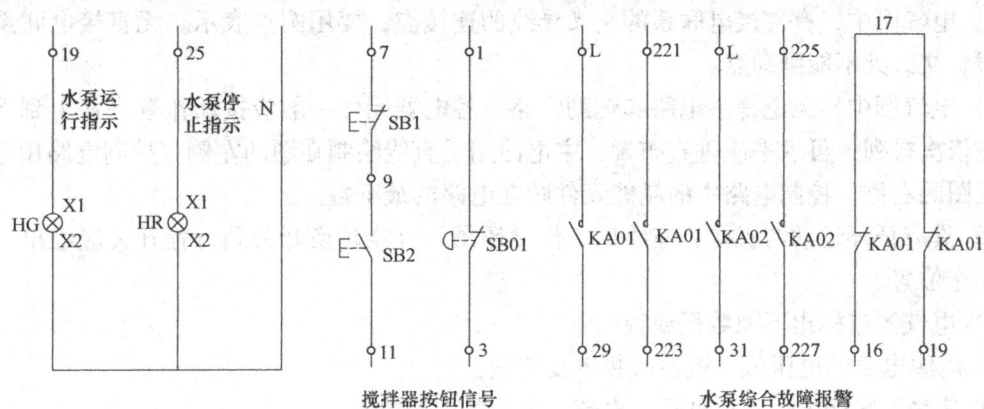

搅拌器按钮信号　　　　水泵综合故障报警

【电气图的布局】

1）机械制图与电气图布局方法上的区别：机械图必须严格按构件的位置进行布局，而电气图的布局则可根据实际情况灵活进行。

2）图线的布置：表示导线、信号通路、连接线等的图线一般应为直线，即横平竖直，尽可能减少交叉和弯折。

① 水平布置：将设备或元件按行布置，使得其连接线一般成水平布置。

②垂直布置：将设备或元件按列布置，连接线成垂直布置。

③交叉布置：将相应的元件连接成对称的布局。

3) 电路或元件的布局：

①功能布局法：考虑元件功能关系，而不考虑实际位置的一种布局方法。

②位置布局法：元件符号的布置对应于该元件实际位置的布局方法。

【电气图的基本绘制规则】

1) 电气图中，所有电气设备元件都应采用国家统一规定的图形符号和文字符号来表示。属于同一电器的线圈和触点，要用同一文字符号表示。使用相同类型电器时，可在文字符号后加注阿拉伯数字序号来区分。

2) 电气原理图一般分为主电路和辅助电路两部分。主电路是从电源到负载的大电流通过的路径。辅助电路包括控制回路、信号电路、照明电路和保护电路等。一般主电路用粗实线绘制，放在电路原理图的左边或上面；辅助电路用细实线绘制，放在右边或下面。对于较大的电器系统图，主电路、控制电路和辅助电路应分开绘制。

3) 电气图中，各电器元件的导电部件如线圈和触点的位置，应根据便于阅读和分析的原则来安排，画在它们起作用的地方。同一电器元件的各个部件可以不画在一起。

4) 因为电器在不同的工作阶段有不同的动作，而在电气图中只能表示一种情况，所以规定所有电器都按照线圈没有通电或没有外力作用时的状态或位置画出。对接触器来说，是线圈未通电，触点未动作时的位置；对按钮来说，是手指未按下触点的位置；对热继电器来说，是常闭触点在未发生过载动作时的位置等。

5) 电气图中，有直接电联系的交叉导线的连接点，要用圆点表示。无直接电联系的交叉导线，交叉处不能画圆点。

6) 电气图中，无论是主电路和辅助电路，各电器元件一般应按动作顺序从上到下、从左到右依次排列，可水平或垂直布置。主电路用垂直线绘制在图的左侧，控制电路用垂直线绘制在图的右侧，控制电路中的耗能元件画在电路的最下端。

7) 具有循环运动的机构，应绘出工作循环图，万能转换开关和行程开关应绘出动作程序和动作位置。

8) 电气图应标出下列数据或说明：

①电源电路的电压值，极性或频率及相数。

②某些元器件的特性：电阻、电感、电容的参数等。

③不常用电器的操作方法和功能说明。

9) 在电气原理图的上方将图分成若干图区，并标明该区电路的用途与作用；在继电器、接触器线圈下方列有触点表，以说明线圈和触点的从属关系。

10) 绘制电器元件布置图时，各电器元件之间应留有一定距离以利散热及布线、接线和维修。

11) 绘制电气安装接线图时，走向相同的相邻导线可绘成一股线。

12) 动力电路的电源电路绘成水平线，受电的动力装置（电动机）及其保护电器支路垂直于电源电路。

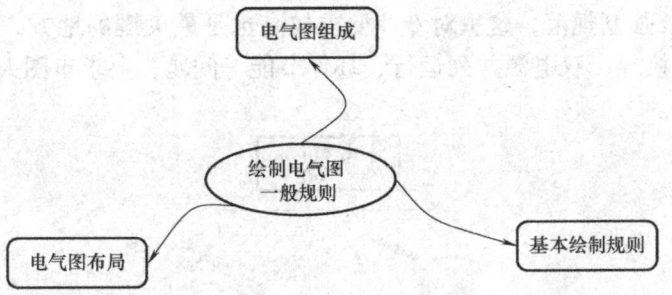

【CAD 制图】

在以前，绘制电气图样一般都是工程师手绘，时间长、效率低且容易出错、不容易保存，信息时代使用计算机 CAD 制图已成为电气技术人员的基本技能，下面就几种常用的及专业绘图软件进行介绍：

(1) AUTOCAD　传统绘图软件，不仅能绘制电气图样也能绘制机械、建筑等领域图样，软件也在不断更新完善，目前有专门针对电气图样的版本。

(2) Visio　将复杂信息、系统和流程进行可视化处理、分析和交流的软件。

(3) Protel　专业绘制电子线路图软件，是 Altium 公司在 20 世纪 80 年代末推出的 EDA 软件，是电子设计者的首选软件，2005 年底升级版本为 Altium Designer。

(4) Office　微软 Office 软件很多应用程序具有简单绘图功能，如 word、PowerPoint 等。

(5) E-plan　专业电气绘图软件，德国的制造业水平在世界都是很优秀的，德国设计的 E-plan 功能比较强大，强大的功能带来的是操作的复杂。

(6) PCSchematic　专业电气绘图软件，功能也是画原理图，出材料单，生成接线图，因根据德国情况设计其中数据库很难建。

(7) SEE Electrical　专业电气绘图软件，法国 IGE + XAO 公司的产品，在欧洲丹麦、瑞典、意大利等国家都很有市场占有率。进入中国后凭借其强大的功能和简洁的操作很快赢得良好声誉，而且它提供了其他软件没有的一项功能，那就是用 Excel 表格来自动生产原理图，这样做一个设计可能只需 5s。

【知识拓展】

电气图样审查

作为一名电气技术人员，能够准确识读电气图样仅仅是电气行业入门的基本要求，更高的要求是能够提前发现图样中的问题而予以纠正，这项技能便是电气图样审查。图样审查的意义在于通过对电气图样全面细致的审查，不仅熟悉了设计图样、领会了设计意图、掌握了工程的重点和难点，还将设计缺陷和隐患消除在施工之前，保障了相关电气工程设施的顺利运行。

电气图样的审查要点如下：

1) 检查图样是否齐全，对照目录检查图样是否完整，如有缺失需及时找提供方补全。

2) 检查设备、元器件清单，型号是否有误、数量是否有少，这里需结合现场实际，有时图样设计人员并没有从实际出发而造成元器件材料选型有误，也有设计人员不考虑后续安装、维护需求、冗余备份余量等。这里考查审图人员的现场实践经验和细心程度。

3）违反标准、强制规范，这里对专业要求较高也是最关键的地方，比如防雷要求、总等电位联接、重复接地、双电源并列运行、环保节能等问题，要求审图人员专业知识全面扎实和高度的责任心。

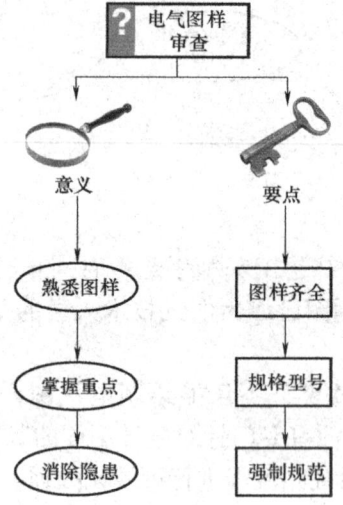

第2章
机床电气控制线路常用低压电器

大型电气设备都是由各种元器件组成的,识读电路图样的基础是掌握图中各种元器件的结构、作用和工作原理。本章只列举几种常用低压电器与读者分享学习的方法、途径,期望起到抛砖引玉的功效。

本章重点介绍了机床电气控制线路常用低压电器、熔断器、断路器、主令电器、接触器、继电器等的架构、工作原理及用途,并适当介绍其国内外最新的换代产品特点。对已有电工基础知识的读者可以略过本章,但建议读者关注一下学习新元件的思路与途径。

2.1 熔断器

熔断器(Fuse)是最常用的短路保护电器,广泛用于配电系统和控制系统,主要进行短路保护或严重过载保护。由于短路电流产生的温升非常快,会导致设备的瘫痪,为了避免危险,并对设备和电路造成的伤害,必须以最快的速度分断短路电流。

根据标准 GB 13539.1—2008/IEC 60269—1:2006 的熔断器定义:当电流超过规定值足够长的时间,通过熔断一个或几个成比例的特殊设计的熔体分断此电流,由此断开其所接入的电路的装置。熔断器由形成完整装置的所有部件组成,一般包括熔体和安装熔体的绝缘管(绝缘座)。使用时,熔体串接于被保护的电路中,当电路发生短路或过载故障时,如果通过熔断器的电流达到或超过了某一定值,熔体会被瞬时熔断而分断电路,起到保护作用。

【场景案例】

生活场景:小明的爸爸是个维修电工高级技师,一般家里电气设备有故障了只要不属于质保范围无法经原厂维修,小明爸爸大多总能修复。爸爸告诉小明,引起家用电器故障的原因不少,但熔丝损坏的比例是相当高的,往往只要更换同规格熔丝设备就能正常工作了,根本无须花大价钱去维修点有偿服务。

工作场景:大明作为设备工程师,所负责的机台设备有定期保养和故障检修的任务。保养机台时,除了断电、挂接地极外,大明还会把机台电源熔断器卸下以防止意外事故发生,增大安全系数。检修机台时,在遇到熔断器熔断故障时,大明不会直接更换熔断器,而是首先查明导致熔断器熔断的原因。

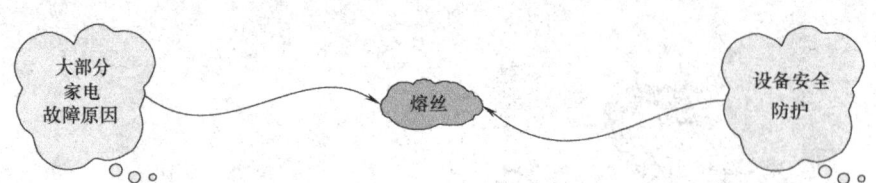

【结构和分类】

（1）熔断器结构　一般由熔体、连接片、熔断器盖、保护套、垫圈和内盖等组成。

（2）熔断器分类

1）按结构形式：螺旋式、插入式、管式、开敞式、半封闭式和封闭式等。

2）按有无填料：有填充料式和无填充料式。

3）按工作特性：有限流作用和无限流作用。

4）按熔体的更换：易拆换式和不易拆换式。

5）按电压等级：高压、中压、低压。

6）按熔断速度：特慢速、慢速、中速、快速、特快速。

7）按使用范围：电力、机床、电器仪表（电子）、汽车等。

8）按分断范围："g"型（全范围分断）和"a"型（部分范围分断，也称为后备熔断器）。

【型号和符号】

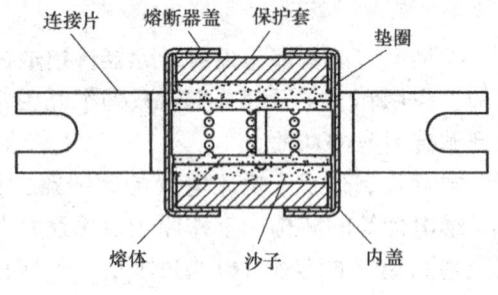

序号	熔断器型号	特点	用途	备注
1	RS 系列	快速式熔断器	保护半导体器件	
2	RL 系列	螺旋式熔断器	保护电动机	RM 系列也可
3	RM 系列	无填料封闭管式熔断器	电网容量不大，短路电流较小	
4	RT 系列	有填料封闭管式熔断器	配电电路短路电流较大	
5	RC 系列	插入式熔断器	照明电路、380V 及以下电压	

【熔断器的选用】

1）根据使用条件确定熔断器的类型，了解被保护电路的特性以及所需要做的保护种类（短路保护或过载保护）。

2）选择熔断器的规格时，应首先选定熔体的规格，然后再根据熔体去选择熔断器的规格，规格包括额定电压及额定电流。

3）熔断器的保护特性应与被保护对象的过载特性有良好的配合。

4）上、下级熔断器的配合，即上级熔体额定电流不小于下级的1.6倍，就视为上下级能有选择性切断故障电流。

【低压熔断器的安装】

1）安装前，应检查熔断器的额定电压是否大于或等于线路的额定电压，熔体的额定电流是否小于或等于熔断器支持件的额定电流。

2）熔断器应装在各相线/单相线路中性线上；不允许安装在三相四线中性线/接零保护的零线上。

3）熔断器应垂直安装，应保证熔体与触刀以及触刀与刀座良好接触，并能防止电弧飞落到临近带电部分上。

4）安装熔体时不让熔体受到机械损伤，不宜用多根熔丝绞合在一起代替较粗的熔体。

5）螺旋式熔断器的进线接底座的中心点，出线接螺纹壳。

6）熔断器两端的连接线应连接可靠，应将接触面用砂布擦亮，螺钉应拧紧。

7）容量为70A以上的熔丝应装在熔管中。

8）更换熔体时切断电源，不许带负荷拔取熔体；更换时，工作人员要戴绝缘手套，穿绝缘鞋。

【运行与维护】

1）负荷大小与熔体的额定值相配合。

2）熔体熔断后，应更换相同尺寸和材料的熔体，不能随意加粗或减小，更不能用不易熔断的其他金属丝去更换，以免造成事故。

3）熔管外观无破损、无变形，瓷绝缘部分无破损或闪络放电痕迹。

4）熔体无氧化腐蚀或损伤现象。

5）熔管与夹座连接处无过热现象，接触紧密。

6）熔断信号指示器指示正常。

7）熔断器环境温度与保护对象的环境温度基本一致。

8）底座无松动，及时清理进入熔断器的灰尘。

【知识拓展】

1. 熔断器的优缺点

（1）优点　限流特性好、分断能力高、明显的可视断点、对谐波和电磁干扰有免疫能力、可靠性高、相对尺寸较小、价格较便宜、选择性好、维护方便等。

（2）缺点　发生故障熔断后必须更换新的熔体；保护功能单一、保护方式少；恢复供电时间长；发生一相熔断时，将导致三相电动机断相运行的不良后果；不能实现远程控制，需要与电动刀开关、开关组合才有可能。

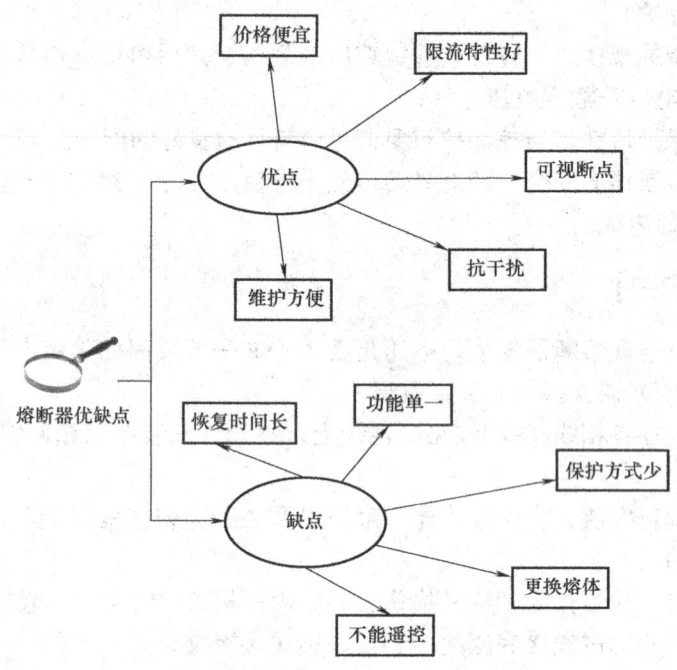

2. 新型熔断器

（1）自恢复熔丝　不同于只能使用一次就必须更换的传统熔丝，在故障排除和电路电源断开之后能够自动复位，进而减少了保养、服务和维修费用。

（2）信号熔断器（熔断报警器）　信号熔断器一般并联在熔体两端盖板固定螺钉下面，当熔体熔断时，熔断撞击体动作，弹出撞针推动微动开关发出信号。

2.2　断路器

　　断路器（circuit-breaker）能接通、承载以及分断正常电路条件下的电流，也能在所规定的非正常电路（例如短路）下接通、承载一定时间和分断电流的一种机械开关电器。断路器在高低压配电系统中广泛运用，按其使用范围分为高压断路器与低压断路器，高低压界线划分并不统一，一般将 3kV 以上的称为高压电器。本书侧重介绍低压断路器，指直流 1500V，交流 1000V 以下电压的断路器，即变压器下级的断路器。

　　低压断路器是一种不仅可以接通和分断正常负荷电流和过负荷电流，还可以接通和分断短路电流的开关电器。低压断路器广泛应用于低压配电系统各级馈出线，各种机械设备的电源控制和用电终端的控制和保护，当它们发生严重的过载或者短路及欠电压等故障时能自动切断电路，其功能相当于熔断器式开关与热继电器的组合，而且在分断故障电流后一般不需要变更零部件。

第2章 机床电气控制线路常用低压电器

【场景案例】

生活场景：小明听爸爸讲过以前居民住户家电源箱是没有断路器的，有的是一把刀开关、一组熔断器，一旦发生用电故障导致熔断器熔断，特别是晚上一片漆黑要恢复供电很困难。如今带漏电保护功能的断路器替代了刀开关和熔断器，即便发生跳闸，小明在爸爸指导下也能独自解决了：排除漏电隐患后，先按下复位按钮再合闸。

工作场景：大明作为设备工程师，平时工作中经常会遇到各类断路器：有厂务系统的高压断路器、有控制机台电源的低压断路器。大明不仅要熟知各断路器的安装位置、操作手法要点，还必须了解各断路器所控制线路的区域范围及设备。因为只有具备上述技能，才能算一名合格工程师，可以应对各种情况下的电源倒闸操作而不至于掉链子。

【结构和分类】

低压断路器主要由触点系统、灭弧装置、操作机构和保护装置等组成。断路器分类如下：

1）按结构形式分为：框架断路器、塑料外壳式断路器、微型断路器、漏电保护式断路器。
2）按操作方式分为：人力操作式、动力操作式、储能操作式、遥控操作式4种断路器。
3）按电路极数分为：单极、二极、三极、四极式断路器。
4）按安装方式分为：固定式、插入式、抽屉式断路器。
5）按功能用途分为：配电用断路器、电动机保护用断路器、其他负载用断路器。
6）按制造工艺分为：油断路器、压缩空气断路器、真空断路器、六氟化硫断路器。

【型号和符号】

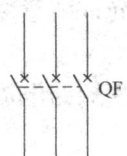

序号	断路器英文名称	中文名称	特点
1	air circuit breaker（ACB）	框架断路器（万能式断路器）	适用交流50Hz，额定电压380V、660V，额定电流为200~6300A的配电网络
2	mould case circuit breaker（MCCB）	塑料外壳式断路器	一般为63A以上，1250A以下，额定绝缘电压800V，额定工作电压690V
3	miniature circuit breaker（MCB）	小型断路器	一般1~63A，额定电压230/400V，采用热塑性塑料（一般为尼龙）为外壳，一般为家用或者类似场合使用的断路器
4	residual current device（RCD）	漏电断路器	分为电压型和电流型两类，而电流型又分为电磁型和电子型两种

【断路器的功能】

断路器在电网中起到控制和保护两方面的作用。

（1）控制作用　根据电网运行的需要，将部分电气设备或线路投入或退出运行。

（2）保护作用　在电气设备或电力线路发生故障时，继电保护自动装置发出跳闸信号，起动断路器跳闸，将故障设备或线路从电网中迅速切除，确保电网中无故障部分的正常运行。

【断路器的选用】

1）额定电流在600A以下，且短路电流不大时，可选用塑料外壳式断路器；额定电流较大，短路电流亦较大时，应选用万能式断路器。

2）家用一般用微型漏电断路器。

3）断路器额定电流应不小于负载工作电流。

4）断路器额定电压应不小于电源和负载的额定电压。

5）断路器脱扣器额定电流应不小于负载工作电流。

6）断路器极限通断能力应不小于电路最大短路电流。

7）线路末端单相对地短路电流与断路器瞬时（或短路时）脱扣器整定电流之比不小于1.25。

8）断路器欠电压脱扣器额定电压应等于线路额定电压。

【低压断路器的安装】

1）低压断路器应垂直安装，电源进线应接在上端，负载接在下端。

2）低压断路器用作电源总开关或电动机的控制开关时，在电源进线侧必须加装刀开关或熔断器等，以形成明显的断开点。

3）低压断路器使用前应将脱扣器工作面上的防锈油脂擦净，以免影响其正常工作。同时应进行定期检修，清除断路器上的积尘，给操作机构添加润滑剂。

4）各脱扣器的动作值调整好后，不允许随意变动，并应定期检查各脱扣器的动作值是否满足要求。

5）断路器的触点使用一定次数或分断短路电流后，应及时检查触点系统，如果触点表面有毛刺、颗粒等，应及时维修或更换。

【知识拓展】

1. 断路器发展史

世界上最早的断路器产生于1885年，它是一种刀开关和过电流脱扣器的组合。1905年，具有自由脱扣装置的空气断路器诞生。1930年以来，随着科技的进步，电弧原理的发现和各种灭弧装置的发明，逐渐形成了灭弧机构。20世纪50年代末，由于电子元器件的兴起，又产生了电子脱扣器。20世纪60、70年代随着真空技术的突破性进展，真空断路器开始普及。20世纪90年代，由于单片机的普及又有了智能断路器的问世。到了今天，绿色环保、节能安全、信息互联成为新一代断路器的标志特点。

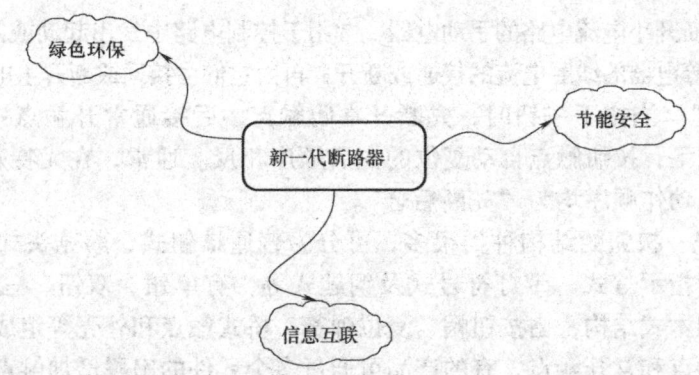

2. 新型断路器

1）固态断路器 SSCB（Solide-state Circuit Breaker）与传统的机械式断路器相比，基于电力电子元器件的固态断路器，其卓越的电流关断性能使电气系统提高了操作的快速性、稳定性和可靠性，机械式断路器存在的噪声、电气寿命受限等缺点都得到了极大的改善。

2）多种保护功能的模块化设计，过载长延时保护、短路短延时保护、短路瞬时保护、逆功率保护、低频保护、剩余电压保护、过电压保护、接地保护，以及零序保护均可灵活整定甚至关闭。

2.3 主令电器

主令电器是指在电气自动控制系统中用来发出信号指令的电器。它的信号指令将通过继电器、接触器和其他电器的动作，接通和断开被控制电路，以实现对电动机和其他生产机械的远距离控制或程序控制。

主令电器主要应用在控制系统中专用于发布控制指令，包括按钮、凸轮开关、行程开关、指示灯、指示塔等。另外还有踏脚开关、接近开关、倒顺开关、紧急开关、纽扣开关等。本节重点介绍按钮、转换开关和接近开关。

【场景案例】

生活场景：小明家里属于主令电器范畴的设备真不少：控制照明系统的开关、洗衣机冰箱微波炉各种模式开启的触摸屏、天然气灶台电子点火装置等，对了，还有万能的手机，也可以实现开启家用智能电器的功能。

工作场景：在大明所在工厂的制造车间中，控制行车升降的控制按钮、液压泵开启停止按钮、大型数控生产设备的控制触摸屏等，到处都有主令电器的影子。

【按钮】

（1）定义 按钮是一种结构简单，应用十分广泛的主令电器。在电气自动控制电路中，按钮是一种短时接通或断开小电流电路的手动电器，常用于控制电路中发出起动或停止等指令，以控制接触器、继电器等电器的线圈电流的接通或断开，再由它们去接通或断开主电路。

（2）工作原理　当按下按钮时，先断开常闭触点，后接通常开触点；当按钮释放后，在复位弹簧的作用下，按钮触点自动复位的先后顺序相反。通常，在无特殊说明的情况下，有触点电器的触点动作顺序均为"先断后合"。

（3）结构分类　按钮的结构种类很多，可分为普通揿钮式、蘑菇头式、自锁式、自复位式、旋柄式、带指示灯式、带灯符号式及钥匙式等，有单钮、双钮、三钮及不同组合形式，一般是采用积木式结构，由按钮帽、复位弹簧、桥式触点和外壳等组成，通常做成复合式，有一对常闭触点和常开触点，有的产品可通过多个元件的串联增加触点对数。还有一种自持式按钮，按下后即可自动保持闭合位置，断电后才能打开。

（4）图形及文字符号

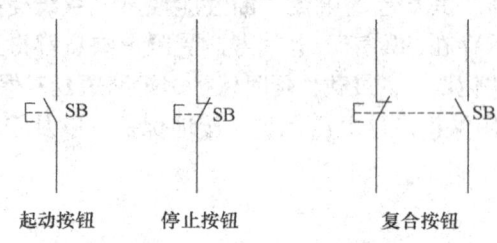

起动按钮　　停止按钮　　复合按钮

（5）选用原则

1）根据使用场合，选择控制按钮的种类，如开启式、防水式、防腐式。

2）根据用途，选用合适的形式，如钥匙式、紧急式、带灯式。

3）按控制回路的需要，确定不同的按钮数，如单钮、双钮、三钮、多钮等。

4）按工作状态指示和工作情况的要求，选择按钮及指示灯的颜色。

（6）按钮颜色

1）停止和急停按钮：红色。按下红色按钮时，必须使设备断电、停车。

2）起动按钮：绿色。

3）点动按钮：黑色。

4）起动与停止交替按钮：必须是黑色、白色或灰色，不得使用红色和绿色。

5）复位按钮：必须是蓝色；当其兼有停止作用时，必须是红色。

（7）接线与安装

1）在接线时，注意分辨常开触点和常闭触点。常开触点和常闭触点的区分可以采用肉眼观看方法，若不能确定，可用万用表欧姆档测量。

2）按钮安装在面板上时，应布置整齐，排列合理。

3）同一机床运动部件有几种不同的工作状态时，应使每一对相反状态的按钮安装在一组。

4）按钮的安装应牢固，安装按钮的金属板或金属按钮盒必须可靠接地。

5）由于按钮的触点间距较小，应注意保持触点间的清洁。

6）指示灯式按钮一般不宜用于需长期通电显示处。

【万能转换开关】

（1）定义　万能转换开关是一种多档位、多段式、控制多回路的主令电器，当操作手柄转动时，带动开关内部的凸轮转动，从而使触点按规定顺序闭合或断开。它主要用于电气控制线路的转换、配电设备的远距离控制、电气测量仪表的转换和微电动机的控制，也可用于小功率笼型异步电动机的起动、换向和变速。由于它能控制多个回路，适应复杂线路的要求，故有"万能"转换开关之称。

（2）工作原理　万能转换开关由操作机构、面板、手柄、触点座等组成，触点座最多可以装 10 层，每层均可安装 3 对触点，操作手柄有多档停留位置（最多 12 个档位），底座中间凸轮随手柄转动，由于每层凸轮设计的形状不同，所以用不同的手柄档位，可控制各对触点进行有预定规律的接通或分断。

（3）结构组成　万能转换开关是由多组相同结构的触点组件叠装而成的多回路控制电器。它由操作机构、定位装置和触点等三部分组成。触点为双断点桥式结构，动触点设计成自动调整式以保证同短时的同步性。静触点安装在触点座内。

（4）图形及文字符号

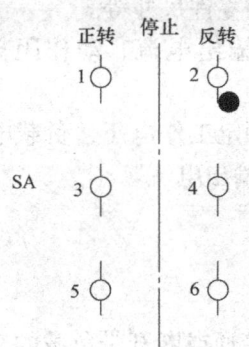

（5）选用　万能转换开关主要根据用途、接线方式、所需触点数目和额定电流来选择。

（6）安装与使用

1）万能转换开关的安装位置应与其他电器元件或机床的金属部件有一定间隙。

2）万能转换开关一般应水平安装在平板上。

3）万能转换开关的通断能力不高，用来控制电动机时，LW5 系列只能控制 5.5kW 以下的小功率电动机；用于控制电动机的正反转则只能在电动机停止后才能反向起动。

4）万能转换开关本身不带保护，必须与其他电器配合使用。

5）当万能转换开关有故障时，应切断电路检查相关部件。

【接近开关】

（1）定义　接近开关又称为无触点行程开关，内部为电子电路，按工作原理分为高频振荡式、电容式和永磁式三种类型。接近开关在控制电路中可供位置检测、行程控制、计数控制及检测金属物体是否存在的作用。

（2）工作原理　由 LC 元件组成的振荡回路于电源供电后产生高频振荡，当检测体尚远离开关检测面时，振荡回路通过检波、门限、输出等回路，使开关处于某种工作状态（常开型为"断"状态，常闭型为"通"状态）。当检测体接近检测面并达到一定距离时，维持回路振荡的条件被破坏，振荡停止，使开关改变原有工作状态（常开型为"通"状态，常闭型为"断"状态）。检测体再次远离检测面后，开关又重新恢复原有状态。这样，接近开关就完成了一次"开"、"关"动作。

（3）分类　按工作原理区划分，接近开关有高频振荡式、电容式、感应电桥式、永久磁铁式和霍尔效应式等，其中以高频振荡式为最常用，后者又分电感式或电容式。

（4）图形及文字符号

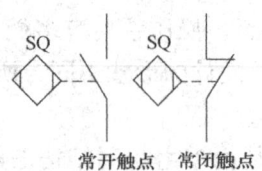

常开触点　常闭触点

（5）特点

1）以不直接接触方式进行控制的一种位置开关。

2）工作稳定可靠、寿命长、重复定位精度高、适应恶劣的工作环境等。

3）应用于高速计数、测速、检测零件尺寸等。

4）选用时应考虑：工作电压、输出电流、动作距离、重复精度和工作响应频率等参数。

5）使用时要注意电源电压小于额定工作电压，负载电压与开关输出电压相符，计数频率小于开关响应频率，负载电流小于输出电流。

2.4　接触器

接触器（contactor）是一种用来接通或断开带负载的交直流主电路或大容量控制电路的自动化切换电器，主要控制对象是电动机，也可用作控制工厂设备、电热器、工作母机和各式电力机组等电力负载。接触器不仅能接通和切断电路，而且还具有低电压释放保护作用。接触器控制容量大，适用于频繁操作和远距离控制，是自动控制系统中的重要元件之一。

【场景案例】

生活场景：接触器作为大功率的电器，一般家用很少见到。但是在农村，农田灌溉所用到抽水泵及城市地下车库排水的潜水泵控制电路都要用到接触器。

工作场景：在大明所在工厂的制造车间，最近的技术改造中有大量老旧设备进行接触器控制系统PLC改造。接触器控制系统接线复杂、可靠性低、故障率高、生产线升级变更成本高。

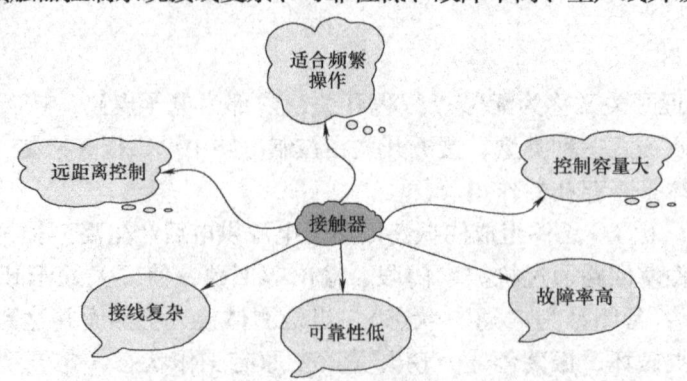

接触器的工作原理是：当线圈通电后，线圈电流会产生磁场，产生的磁场使静铁心产生电磁吸力吸引动铁心，并带动触点动作，常闭触点断开，常开触点闭合，两者是联动的。当线圈断电时，电磁吸力消失，衔铁在释放弹簧的作用下释放，使触点复原，常开触点断开，常闭触点闭合。

需要注意的是：交流接触器线圈的工作电压，应为其额定电压的85%～105%，这样才能保证接触器可靠吸合。如电压过高，交流接触器磁路趋于饱和，线圈电流将显著增大，有烧毁线圈的危险。反之，电压过低，电磁吸力不足，动铁心吸合不上，线圈电流达到额定电流的十几倍，线圈可能过热烧毁。

本节重点介绍交流接触器。

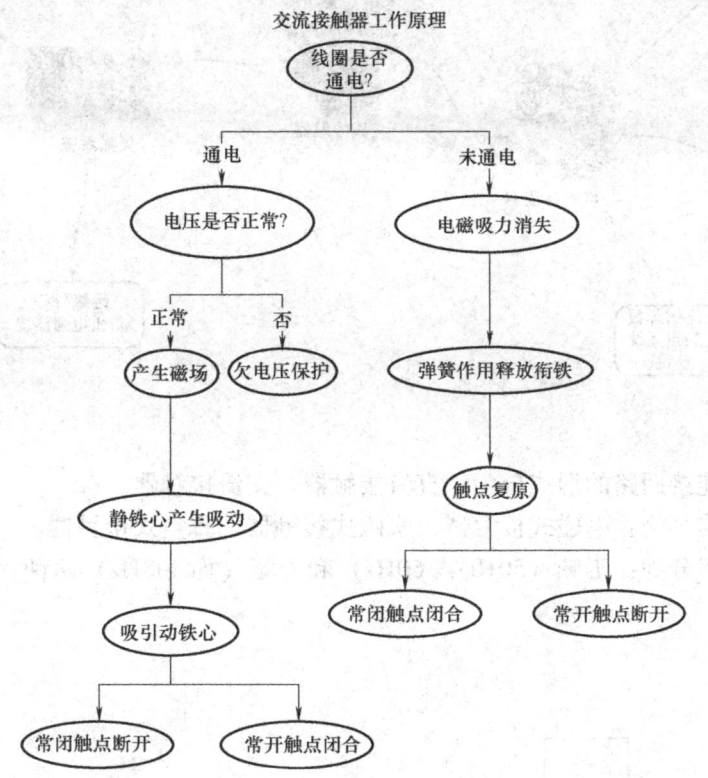

【结构和分类】

1. 结构

交流接触器主要有：电磁系统、触点系统、灭弧装置、绝缘外壳及附件四部分组成。

（1）电磁系统　包括吸引线圈、动铁心（衔铁）和静铁心。

（2）触点系统　包括用于接通、切断主电路的大电流容量的主触点和用于控制电路的小电流容量的辅助触点，触点和动铁心是连在一起互相联动的。

（3）灭弧装置　用于迅速切断主触点断开时产生的电弧，以免使主触点烧毛、熔焊，对于容量较大的交流接触器，常采用灭弧栅灭弧。

（4）绝缘外壳及附件　包括各种弹簧、传动机构、短路环和接线柱等。

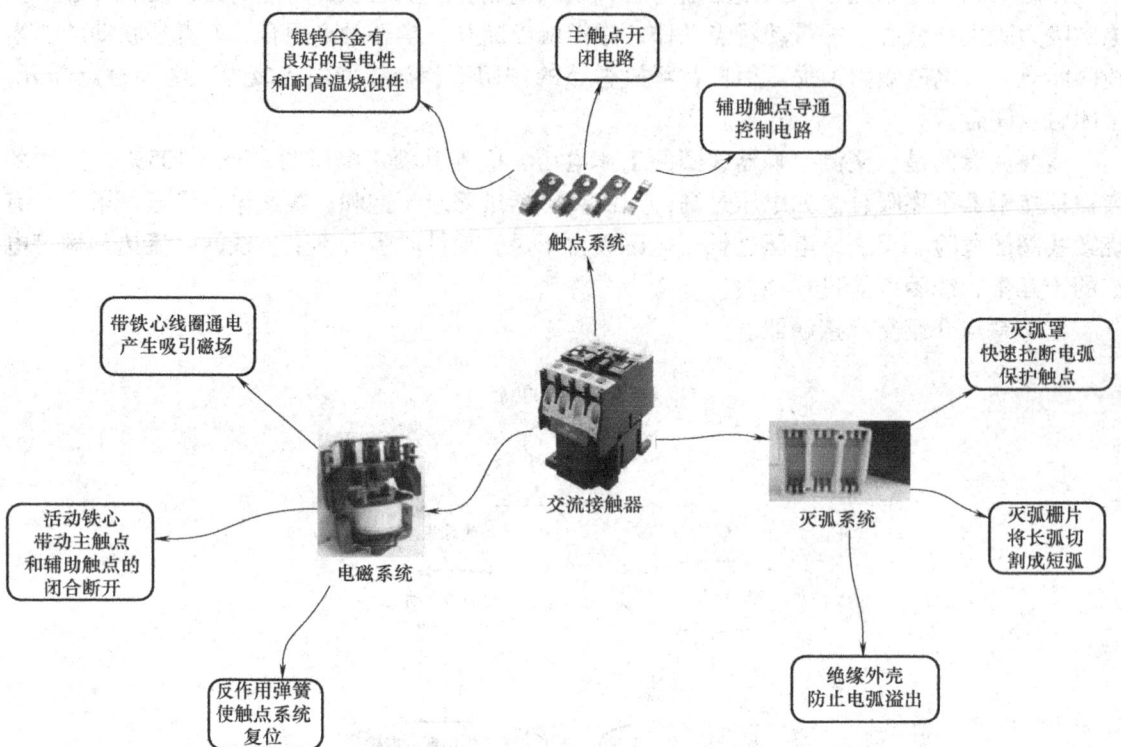

2. 分类

1）按主触点连接回路的形式分为：直流接触器、交流接触器。
2）按操作机构分为：电磁式接触器、永磁式接触器、真空式接触器。
3）按电源频率分为：工频（50Hz 或 60Hz）和中频（如 400Hz）两种。

【型号和符号】

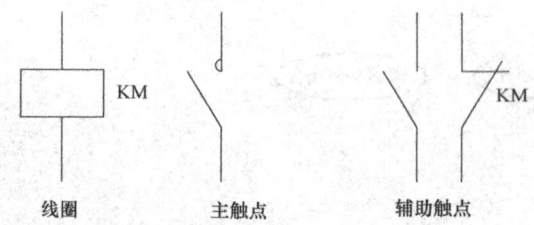

【接触器的选用】

1）按接触器的控制对象、操作次数及使用类别选择相应类别的接触器。
2）接触器主触点的额定电压大于负载额定电压、额定电流大于 1.3 倍负载额定电流。
3）对于吸引线圈的电压等级和电流种类，应考虑控制电源的要求。
4）接触器的触点数量、种类应满足控制线路要求。
5）当通断电流较大及通断频率超过规定数值时，应选用额定电流大一级的接触器型号,否则会使触点严重发热,甚至熔焊在一起,造成电动机等负载断相运行。

6)应考虑环境温度、湿度、使用场所的振动、尘埃、化学腐蚀等,应按相应环境选用不同类型接触器。

注意:交流接触器是只能用在交流电路中的,倘若硬要把交流接触器接在直流电路上,那么其结果必然是烧毁线路严重以至烧毁设备。

【知识拓展】

1. 交流接触器吸合不正常分析

交流接触器吸合不正常,是指交流接触器吸合过于缓慢,触点不能完全闭合,铁心发出异常噪声等不正常现象。

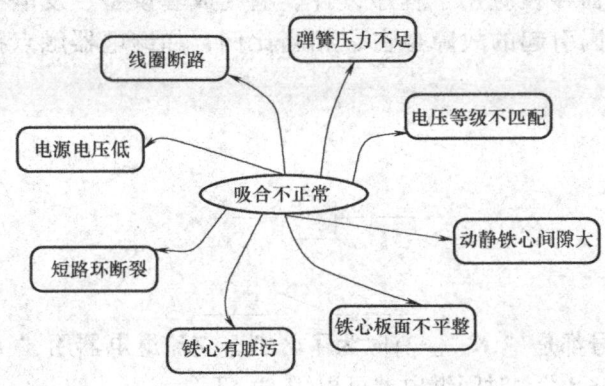

2. 交流接触器节能技术

交流接触器广泛应用于低压电路中,所耗有功功率在接触器结构中分配大致为:铁心65%~75%、短路环25%~30%、线圈3%~5%。工业生产中各类接触器数量非常多,在我国能源需求日趋紧张的情况下,节能技术应用已成为重点。

将接触器操作电磁系统由原设计的交流吸持改为直流吸持,可以节省铁心和短路环中绝大部分的损耗功率,从而取得较高的节电效率(一般有功节电率在90%以上)。不仅如此,通过改造还可降低或消除噪声,降低线圈温升并延长接触器的使用寿命。

2.5 继电器

继电器(relay)是一种电控制器件,当输入量或激励量(如:声、光、电、磁或热等信号)的变化达到规定要求时,在电气输出电路中使被控量发生预定的阶跃变化的一种自动控制电器。继电器能够以较小的电流控制大电流的导通和切断,在电路中起着电气隔离、自动开关、自动调节、安全保护、转换电路等作用,广泛应用于遥控、遥测、通信、自动控制、机电一体化及电力电子设备中,是最重要的控制元件之一。

电磁式继电器是应用得最早、最多的一种型式。其结构及工作原理与接触器大体相同。它由铁心、线圈、衔铁、触点簧片等组成的。接通电源后,会产生电磁效应,电磁力就会吸引衔铁,让它接触到铁心,带动衔铁的常闭触点与常开触点吸合,在电流切断后,电磁的吸力也就没有了，衔铁就又返回到原来的位置，将电路切断。由于继电器用于控制电路，流过触点的电流比较小（一般5A以下），故不需要灭弧装置。

【场景案例】

生活场景：继电器作为小功率器件，对比接触器来讲家用电器应用较多。比如电视机、计算机主机、冰箱、洗衣机、洗碗机、饮水机、电热炊具等都有用继电器来实现电路控制作用，再想想还有家庭影院音响、儿童电子遥控玩具、电话通信系统，还有家用轿车里的灯光、刮水器、后视镜调整加热等自动控制系统全用到了继电器，还有起安全保护作用的煤气泄漏报警装置等。

工作场景：在工业4.0时代，大明作为工厂设备工程师，在设备维修时会和各类继电器打交道。各种继电器存在应用于程序设计、电气成套设备、发电与继电保护、机床设备等领域，继电器原因引起的故障也占了相当比例，如继电器触点损坏、线圈短路开路故障等。

【图形符号】

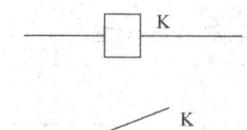

继电器的文字符号都是"K"。有时为了区别，交流继电器用"KA"，电磁继电器和舌簧继电器可以用"KR"，时间继电器可以用"KT"。

【继电器的分类】

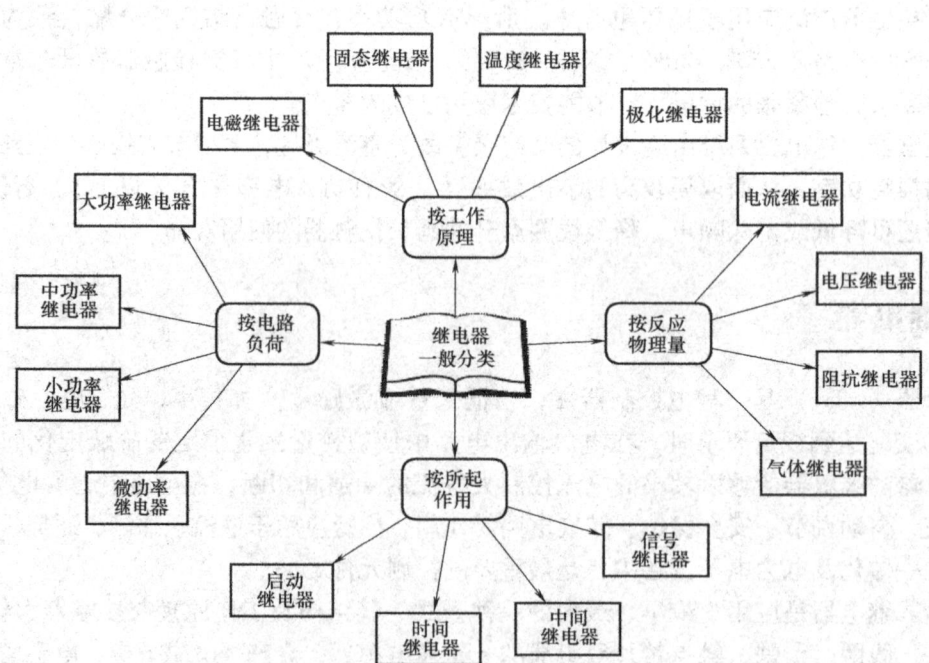

按不同的标准，继电器分类不尽相同，篇幅所限以工作原理为例介绍：

1) 电磁继电器：利用输入电路内电路在电磁铁铁心与衔铁间产生的吸力作用而工作的一种电气继电器。

2) 固态继电器：指电子元件履行其功能而无机械运动构件的，输入和输出隔离的一种继电器。

3) 温度继电器：当外界温度达到给定值时而动作的继电器。

4) 舌簧继电器：利用密封在管内，具有触点簧片和衔铁磁路双重作用的舌簧动作来开闭或转换线路的继电器。

5) 极化继电器：由极化磁场与控制电流通过控制线圈所产生的磁场综合作用而动作的继电器。继电器的动作方向取决于控制线圈中流过的电流方向。

6) 高频继电器：用于切换高频、射频线路而具有最小损耗的继电器。

7) 其他：如光MOS继电器、声继电器、热继电器、霍尔效应继电器和差动继电器等。

【继电器的作用】

（1）扩大控制范围　例如，多触点继电器控制信号达到某一定值时，可以按触点组的不同形式，同时换接、开断、接通多路电路。

（2）放大作用　例如，灵敏型继电器、中间继电器等，用一个很微小的控制量，可以控制很大功率的电路。

（3）综合信号　例如，当多个控制信号按规定的形式输入多绕组继电器时，经过比较综合，达到预定的控制效果。

（4）自动、遥控与监测　例如，自动装置上的继电器与其他电器一起，可以组成程序控制线路，从而实现自动化运行。

（5）电气隔离　输入与输出电路之间的隔离，以增强抗干扰能力。

【知识拓展】

1. 接触器与继电器的比较

电磁式继电器和接触器的工作原理是一样的。有时就是同一个器件，用在这个电路作为接触器，用到另外一个电路又作为继电器使用。如何区分呢？主要看用途。

继电器的主要作用则是信号检测、传递、变换或处理，它通断的电路电流通常较小（一般不超过5A），即用在控制电路。而接触器主要用来接通或断开主电路的，一般主电路通过的电流比控制电路大（大于10A），需灭弧装置。

2. 光MOS继电器

光MOS继电器是将新型光伏隔离器件和MOSFET功率集成技术集合在一起的一种新型继电器。它兼备机电继电器和固态继电器的优点，广泛应用于通信、计算机、测量设备等电子信息产品中。

光MOS继电器的工作原理如下：

光MOS继电器为全芯片结构，较易实现多路，发展趋势是：微型化，智能化，高可靠，低价位。

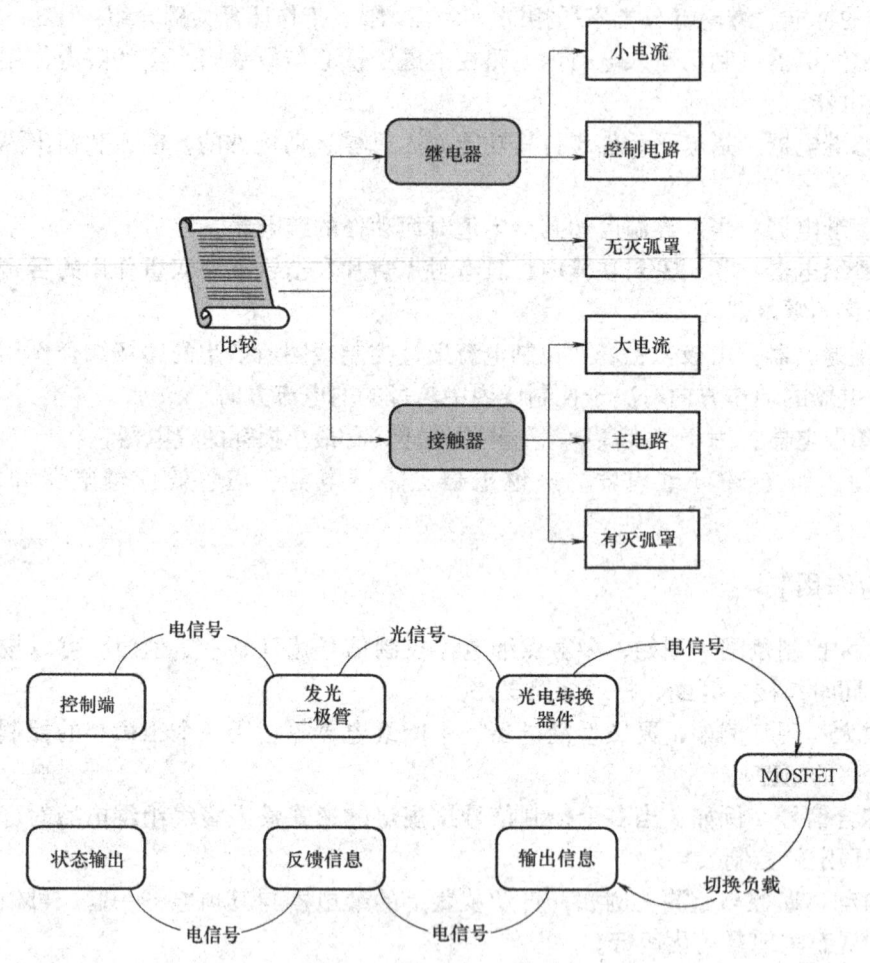

第3章

机床电气控制线路基本单元电路

自进入电气时代以后,各式各样的电路不断推陈出新满足了人们日常生活生产中的需求。例如,启保停电路帮助人们控制电路的通断,正反转电路解决了电气设备可逆运行的问题,多地控制电路方便于人们在不同地方控制同一设备等。从本章起读者就将真正进入电气控制的世界,需要提醒的是电路的形式并不是唯一的,实现同一功能的电路可以有不同的形式。

本章重点内容有:掌握基本单元电路的结构组成和工作原理,能够根据实际需求设计组合电路。可以说,无论多复杂的机床电路都是由基本单元电路组成的,所以本章所列举的经典电路需要反复研读,领悟其中的精髓,特别要关注安全保护电路。

3.1 起动、保持、停止电路

在前面章节里我们学习了常用低压电器:如按钮、开关、接触器等,在本章我们会学习如何将这些电器元件组成基本控制电路,并运用这些电路在日常生活及工作中帮助我们更好地解决问题。

在电力还没有融入人类文明之前,人们生产劳作基本是靠自身或牲畜的力量。比如磨豆浆用石磨,可以人来推也可以依靠马、驴等来拉,人推石磨的好处是控制精准:想推就推,但缺点是持久性差,能量不足;牲畜的力量大些但是控制精准性下降,有时还会闹情绪罢工。有没有力量足够又能听话的动力呢?回答是肯定的,那就是起动、保持、停止电路,即起保停电路。

【场景案例】

生活场景:小明每天吃完早饭去上学,早饭很丰盛,有粥、鸡蛋、酱瓜、煎饼,还有五谷豆浆。这杯鲜榨豆浆可是小明的妈妈早起用豆浆机做的,放好原料,一摁起动按钮:从打豆到煮豆浆一气呵成,共耗时 20min 不到。这豆浆机里就有起动、保持、停止电路。

工作场景:大明是一家制造工厂的设备工程师,维修设备时有时要用到钻床进行打孔作业。钻孔加工时,大明有时是连续钻孔、有时是钻一下停下来观察好距离再钻。这钻床设备里包含点动和连续运行电路。

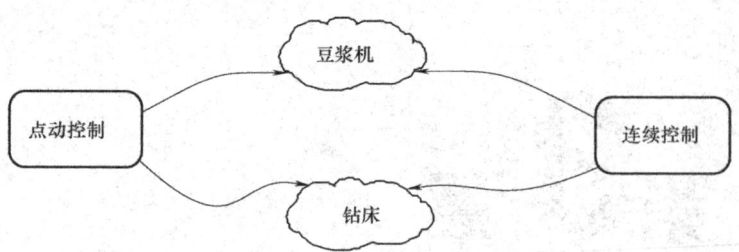

【典型电路】

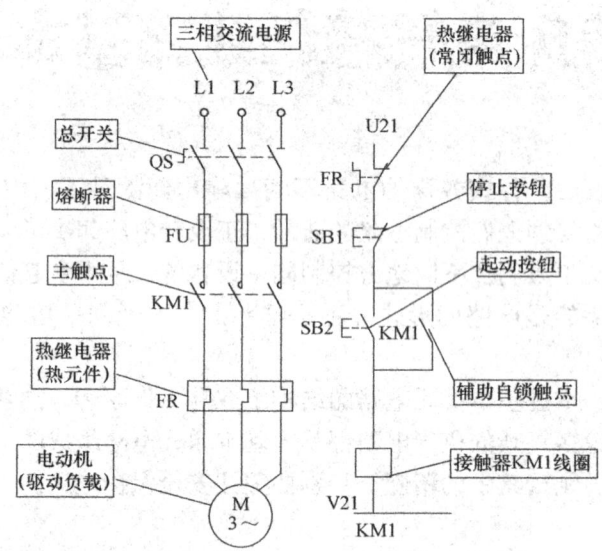

【工作原理】

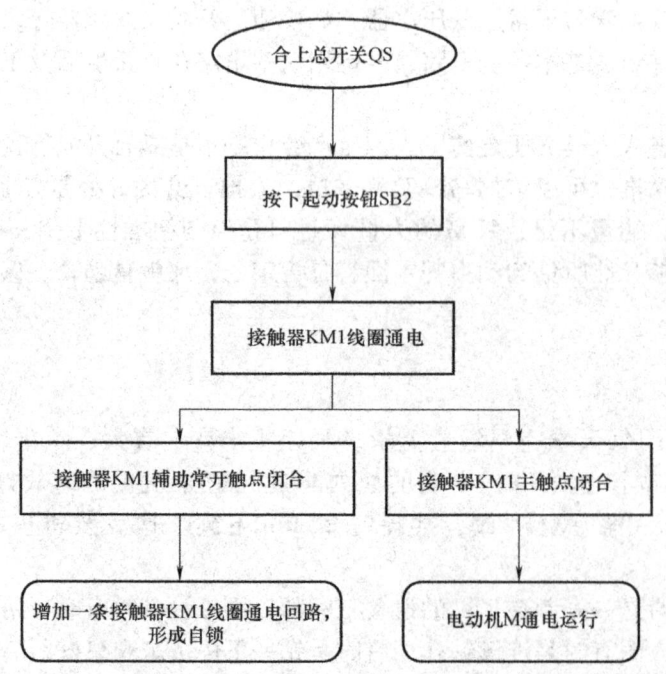

起动时，合上总开关 QS。引入三相交流电源，按下起动按钮 SB2，接触器 KM1 的线圈通电，接触器 KM1 的主触点闭合，电动机 M 接通电源直接起动运转。同时与 SB2 并联的 KM1 常开辅助触点也闭合，使接触器线圈经两条路通电，这样，当手松开按钮 SB2 复位时，KM1 的线圈仍可通过 KM1 触点继续通电，从而保持电动机 M 的连续运行。这种依靠接触器自身常开辅助触点而使其线圈保持通电的功能称为自保或自锁，这一对起自锁作用的触点称作自锁触点。

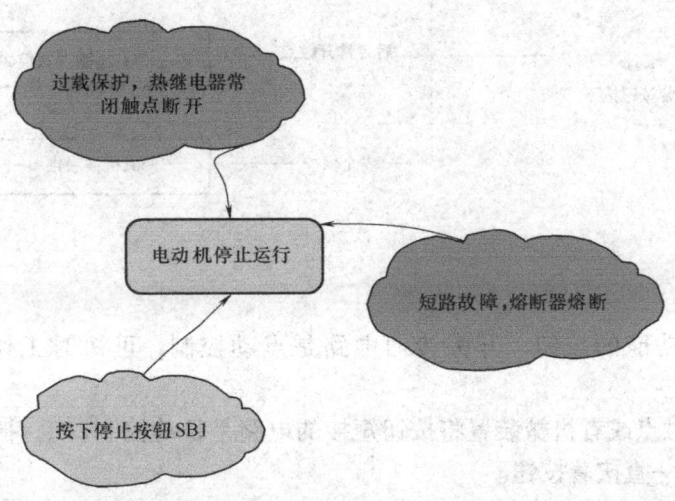

要使电动机停止运转，只要按下停止按钮 SB1，将控制电路断开，接触器 KM1 断电释放，KM1 的常开主触点将三相交流电源切断，电动机 M 停止运转。当按钮 SB1 松开而恢复闭合时，接触器线圈已不能再依靠自锁触点通电了，因为原来闭合的 KM1 辅助常开触点早已随着接触器线圈的断电而断开了。

此外，当电路中发生短路故障及过载保护时，相应主电路中熔断器 FU 熔断切除三相电源、热继电器保护动作使 FR 常闭触点断开切除 KM1 线圈电源，都会使电动机断电停止运转。

【拓展电路】

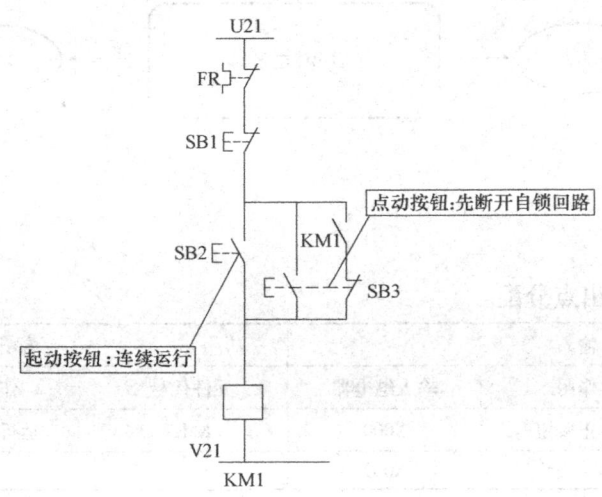

此拓展电路的工作原理是：虽然起保停电路实现了电动机的连续运行控制，但是有些电气设备要求按钮按下时，电动机运转；按钮松开时，电动机就停止，这就是点动控制。图中按钮 SB2 实现长动控制、复合按钮 SB3 实现点动控制。

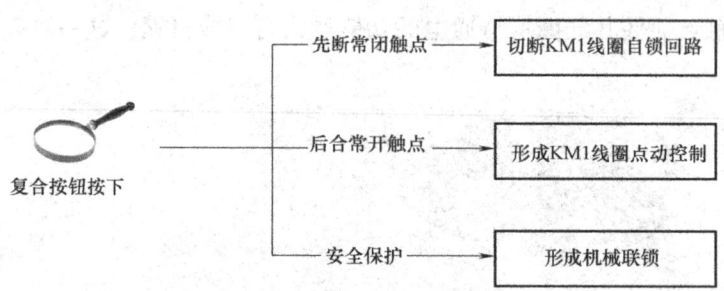

【小结】

1）不带自锁功能的按钮、开关接通电路是点动控制，可短时工作，不能实现连续运行。

2）利用辅助触点或者机械装置将按钮短接的电路是长动控制，也叫作自保电路。人的手得以解放，不用一直按着按钮。

3）点动控制电路的电路形式是串联，长动控制电路形式是并联。

【知识拓展】

1. 点动和长动的区别

点动是手动控制，长动是自动控制，后面这个概念还会提到。

豆浆机里一键自动完成煮豆浆的模式，是提前设定好程序，就相当于一台微型数控加工机床，具体后面会有专门章节来讲。

2. PLC 控制电路

（1）输入点和输出点分配

输入			输出		
元件代号	作用	输入继电器	元件代号	作用	输出继电器
SB1	停止按钮	X000	KM1	运行控制	Y000
SB2	起动按钮	X001			

(2) PLC 接线图

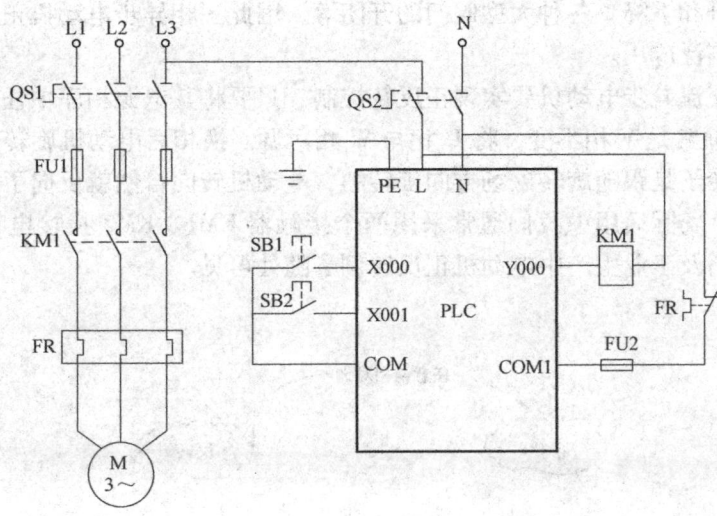

(3) PLC 程序图

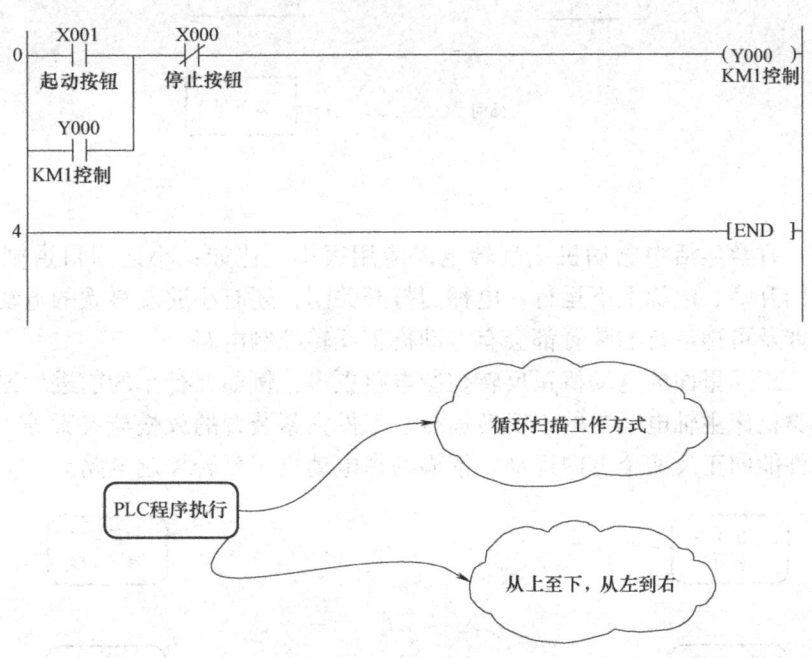

3.2 正反转控制电路

随着科学技术的不断发展，在电气信息时代的今天，生产设备的一般工作仍主要由电动机的各种控制电路拖动而实现的，因为其结构简单、方便维修、坚固耐用、成本低等优点。在实际应用中，往往要求生产机械的运动部件具有正反两个方向的运动，如工作台前进、后退，起重机的上升和下降，各种大型阀门的开闭等，因此三相异步电动机正反转控制电路在工业生产中得到广泛应用。

常用的三相交流异步电动机要实现正反转控制，只要将其电源相序中任意两相对调即可（又称为换相），通常是 V 相不变，将 U 相与 W 相对调。换相后电动机旋转磁场的方向也随之改变，电动机转子是跟随旋转磁场方向旋转的，电动机转向自然就反向了。为了使电动机能够正转和反转，实际运用中我们通常采用两个接触器 KM1、KM2 换接电动机三相电源的相序，在日常生活及工业生产中电动机正反转例子随处可见。

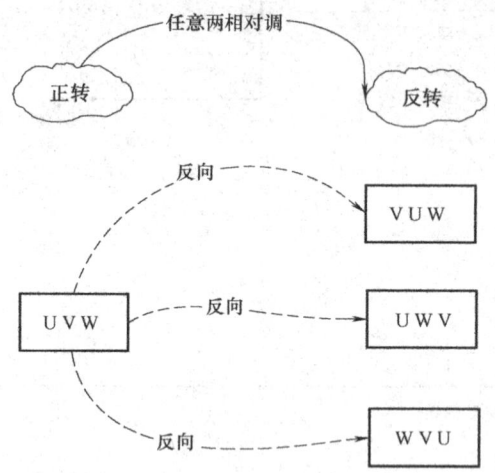

【场景案例】

生活场景：日常生活中电动机正反转电路应用很多，比如：小区门口道闸挡杆升高落下、商场卷帘门升降、电梯上下运行、电梯门打开关闭，还有小朋友喜欢的电动玩具车前进后退等，凡是涉及可逆运行的装置都会有电动机正反转控制电路。

工作场景：工厂里面的电动机正反转控制电路更多，例如：行车的前进后退、升降机的上升下降、各类机床主轴电动机的正反转运行、工件夹紧装置的放松与夹紧等。这些生产机械要求运动部件能向正反两个方向运动，依靠的是电动机正反转控制电路。

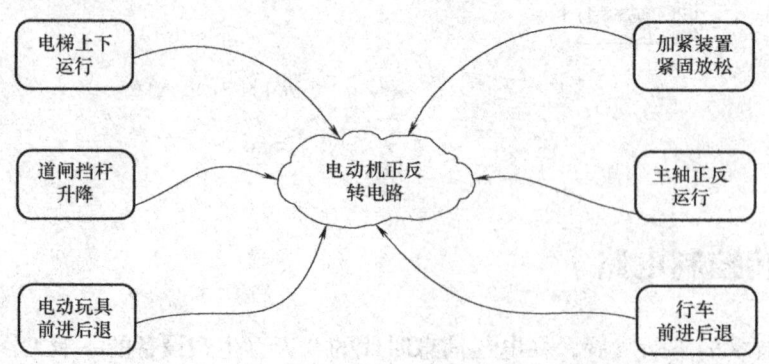

【典型电路】

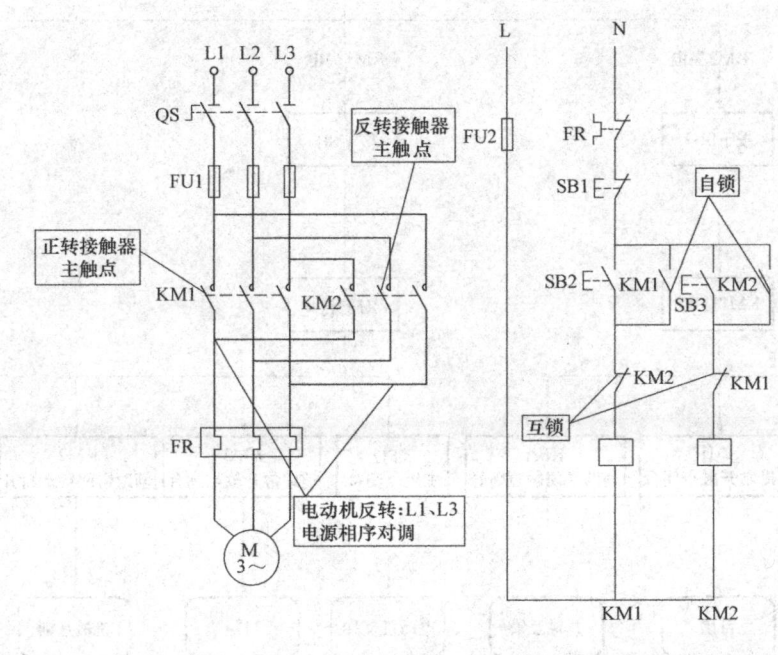

【工作原理】

1. 电动机的正转

总开关 QS 合上后,按下 SB2 起动按钮,正转交流接触器 KM1 线圈得电吸合,KM1 的常开触点变为闭合状态,常闭触点变为断开状态,控制电路中 KM1 辅助常开触点闭合进行自锁,使 KM1 线圈继续得电,主电路中 KM1 主触点吸合的同时,三相异步电动机 M 正转起动。按下停止按钮 SB1 后控制电路断电,使线圈 KM1 失电,电动机动正转停止。

2. 电动机的反转

总开关 QS 合上后,按下 SB3 起动按钮,反转交流接触器 KM2 线圈得电吸合,KM2 的常开触点变为闭合状态,常闭触点变为断开状态,控制电路中 KM2 辅助常开触点闭合进行自锁,使 KM2 线圈继续得电,主电路中 KM2 主触点吸合的同时,三相异步电动机 M 反向转动。按下停止按钮 SB1 后控制电路断电,使线圈 KM2 失电,电动机动反转停止。

【电路特点】

电动机正转运行切换到反转运行必须先按下停止按钮 SB1,电路有接触器互锁触点防止 KM1、KM2 线圈同时得电主触点吸合导致电源 L1、L3 相间短路。

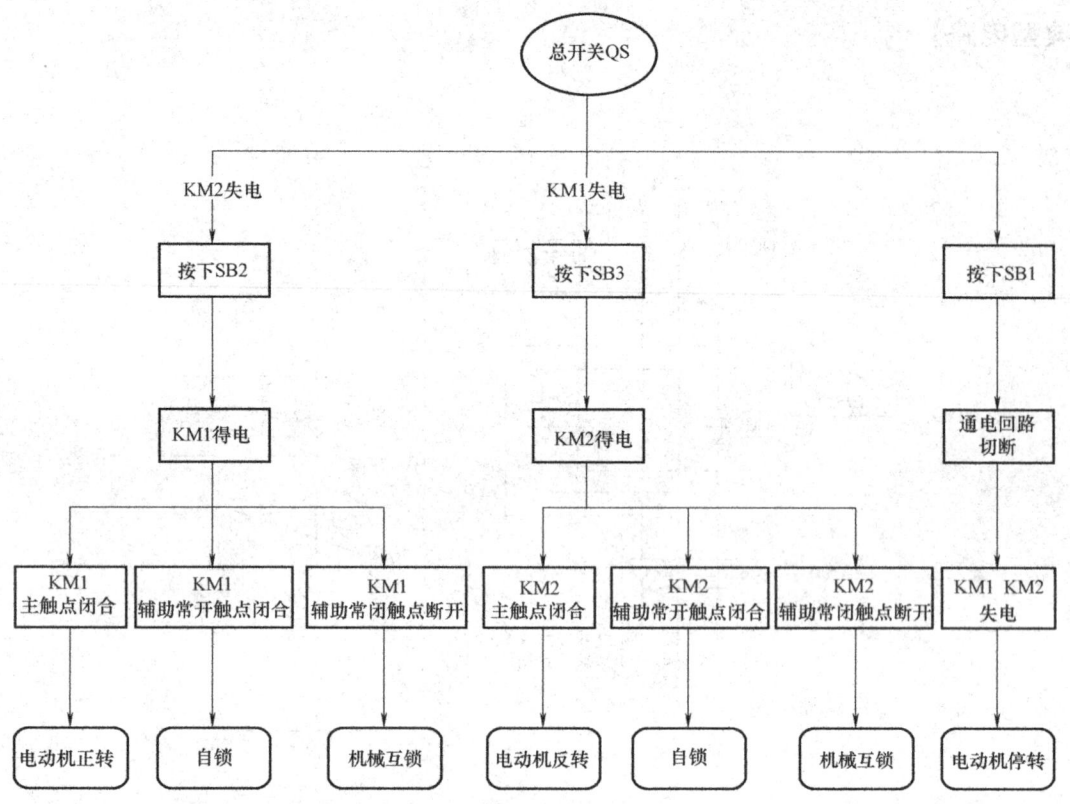

【拓展电路】

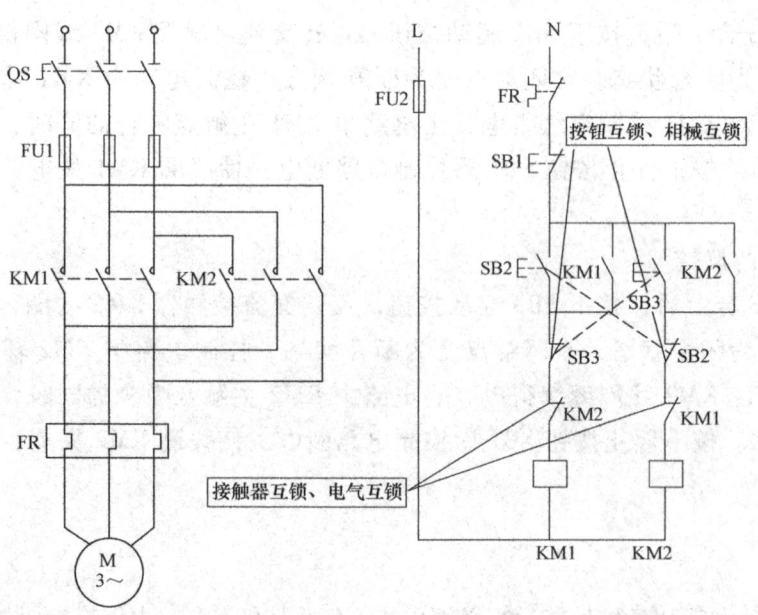

注意：该电路在原有接触器联锁上增加了按钮联锁保护，安全性提高不少。

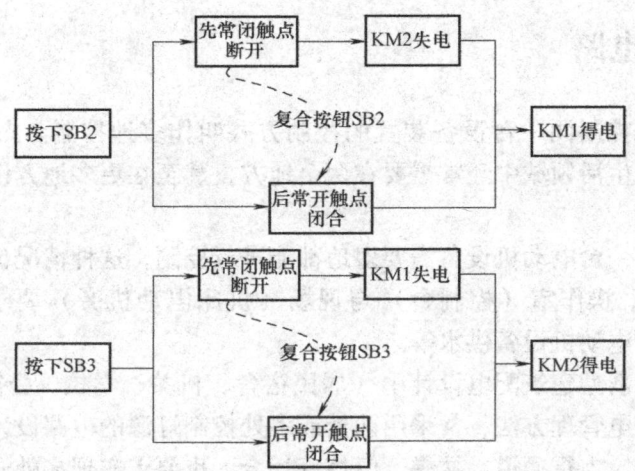

该拓展电路的特点是：电路加入按钮联锁（也叫作机械联锁）后，电动机正反转控制过程不必再按停止按钮 SB1，提高了电动机控制操作的便利性。但电动机非重载情况下从正转切换到反转会有很大的冲击，如何改善？本节及后面章节都有提到不同的解决方案。

【小结】

（1）互锁环节　具有禁止功能在线路中起安全保护作用。

（2）接触器互锁　KM1 线圈回路串入 KM2 的常闭辅助触点，KM2 线圈回路串入 KM1 的常闭辅助触点。当 KM1 线圈通电动作后，KM1 辅助常闭触点切断了 KM2 线圈回路。如要 KM1 得电吸合，必须 KM2 断电释放，KM2 常闭触点复位。

（3）按钮互锁　按钮 SB2、SB3 均具有一对常开触点，一对常闭触点，这两对触点分别与 KM1、KM2 线圈回路连接。SB2 常开触点与 KM2 线圈串联，其常闭触点与 KM1 线圈串联；SB3 常开触点与 KM1 线圈串联，其常闭触点与 KM2 线圈串联。

【知识拓展】

1. 按钮联锁正反转控制加入速度继电器

电动机反转时，是"必须"有一定的延时的，在电动机近似停机的情况下方可投入反转，否则会损坏电动机的。因为电动机的转轴、轴承、端盖、机座、甚至绕组均有自身的设计强度，如果在某一方向上高速旋转的同时，突然投入反方向的电流，电动机的加速度会很高，造成的机械性损伤。对绕线转子电动机的损伤比对笼型转子电动机的损伤要大得多。有关速度继电器应用的内容会在第 4 章机床电路中介绍。

2. 相间短路保护

电动机保护电路有很多，单就电动机正反转电路的保护就至少有 7 种！不相信？本章后面有专门一节讲解保护电路，这里先提一下相间短路保护。当三相电动机在重载下进行正反转运行时，在正反转转换的过程中交流接触器主触点会产生较强的电弧，易形成相间短路，使控制器件损坏。如何实现相间短路保护详见本章第八节安全保护电路。

3.3 多地控制电路

能在两地或多地控制同一台设备装置的控制方式叫作多地控制。人们在生产、施工现场、住宅照明控制及生活领域中经常需要在两个地方，甚至在更多地方设置按钮控制同一台电气设备。

在工矿企业中，一台电动机设备需要多地都能进行控制，这种情况也较为常见，如在配电室（动力柜、箱）、操作室（控制台）与现场（机床电动机旁）要求都能控制电动机；又如多地都需要一台电动机设备供水等。

又比如，在现代新型建筑配电设计中（居民宿舍、机关、学校、公寓大楼等），为实现多功能科学的系统配电管理方法，常采用两处或多处控制灯源的电路设计方法；而对公共建筑设施，如公共走廊、人行通道、楼梯、门灯等场合，也要求实现多处开关控制；并随着电工技术的进步与发展，控制电路已从最原始的手动开关线路发展成由集成电路构成的控制电路等。

【场景案例】

生活场景：小明家里是复合式楼层，楼梯的照明灯点亮及关闭可以在楼梯下或上面两个地方控制，同时卧室里的照明控制也是可以在门口及床头控制。这里应用到了两地控制电路。

工作场景：大明所在工厂新引进一条生产线，每台新安装的大型加工设备上遍布了很大控制按钮，比如红色急停按钮在机台正面、侧面及后面均有，方便技术人员在紧急时刻及时操作，此外这批设备还设有就地控制、远程控制模式。这里应用到了多地控制及互联网概念。

【典型电路】

1. 电动机两地控制电路

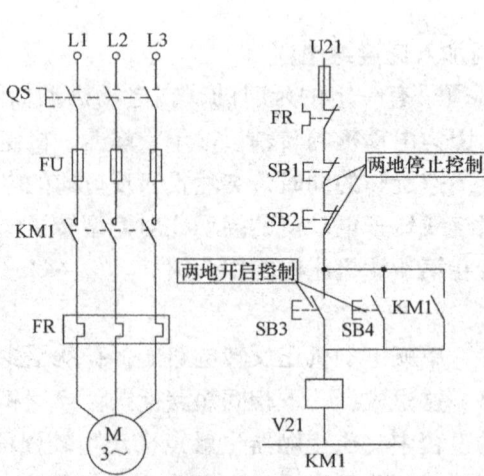

该电路的工作原理是：SB1、SB3 组成甲地控制，SB2、SB4 组成乙地控制，以甲地控制为例：合上电源开关 QS，按下起动按钮 SB3，导致接触器 KM1 线圈得电，引起 KM1 主触点闭合，电动机 M 运行。按下停止按钮 SB1，KM1 线圈回路失电，电动机 M 停转。

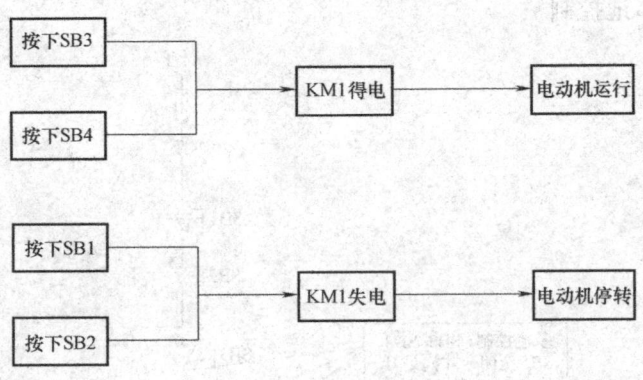

2. 两地控制照明电路

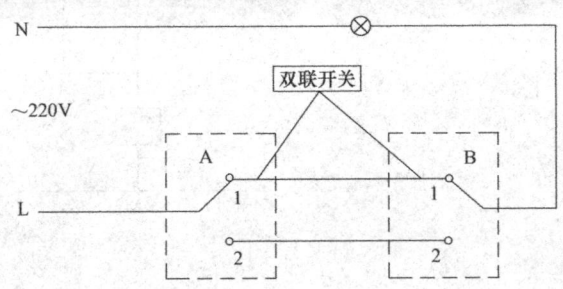

该电路的工作原理是：A、B 是安装在不同地点的两个双联开关，所谓双联开关是指两条电路保证当任意一个开关状态改变，可以使其连接的电器和电源在开路/通路状态切换，能够实现在不同的地方控制同一个电源。在图示电路中，双联开关 A 和 B 均打在 1 位置形成通路导致灯亮，这时无论 A 还是 B 切换开关位置到 2 都将断开电路。

实际使用中要注意线路接法的安全性，如下图中接法是严禁使用的，问题主要有：一开关内不允许同时存在相线、零线，易引起短路事故；二是负载不允许不经开关直接带电，否则易引起触电、漏电事故。

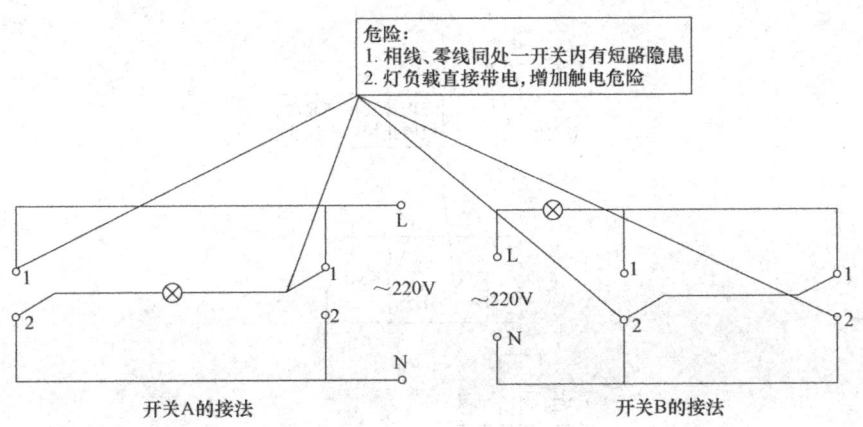

【拓展电路】

1. 电动机多地控制电路

（1）按钮串联多地控制

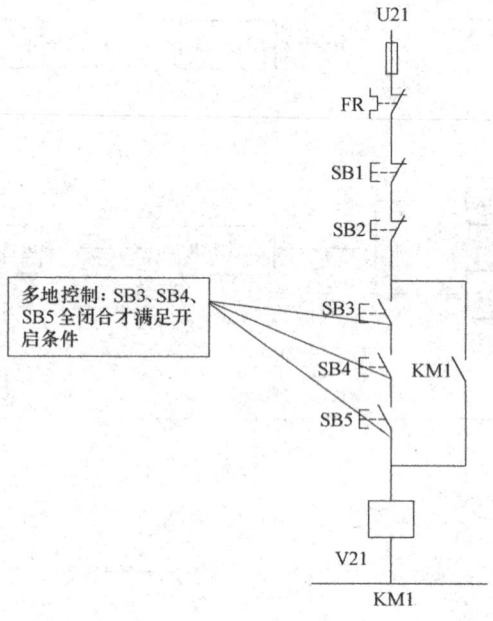

电路原理：

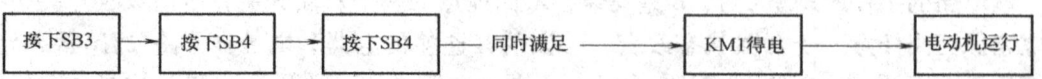

电路特点：三地起动按钮同时按下才能使电动机运行，任何一地按下停止按钮均能影响电动机。

（2）按钮并联多地控制之一

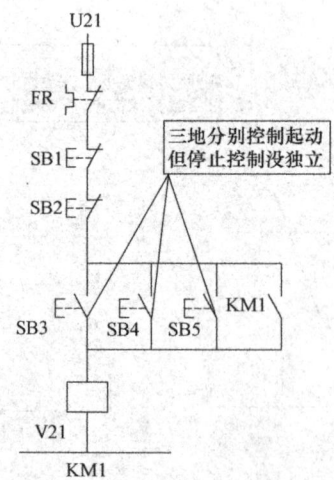

第3章 机床电气控制线路基本单元电路

电路原理:

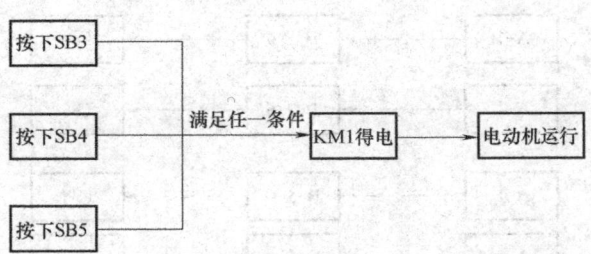

电路特点:三地起动按钮任一按下即可起动电动机,任何一地按下停止按钮均能影响电动机。
(3) 按钮并联多地控制之二

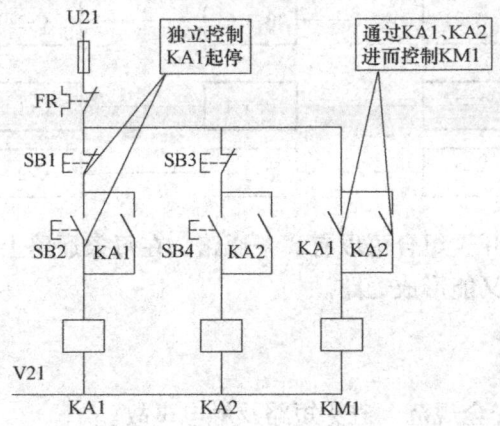

电路原理:

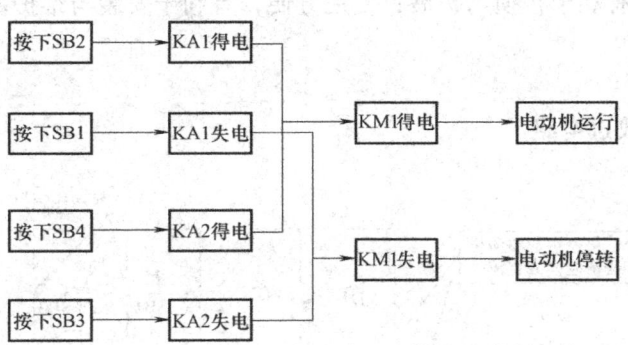

电路特点:不同地点起停控制互相独立,互不影响。
2. 多地控制照明

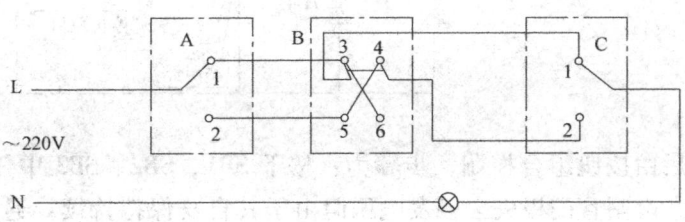

电路原理：

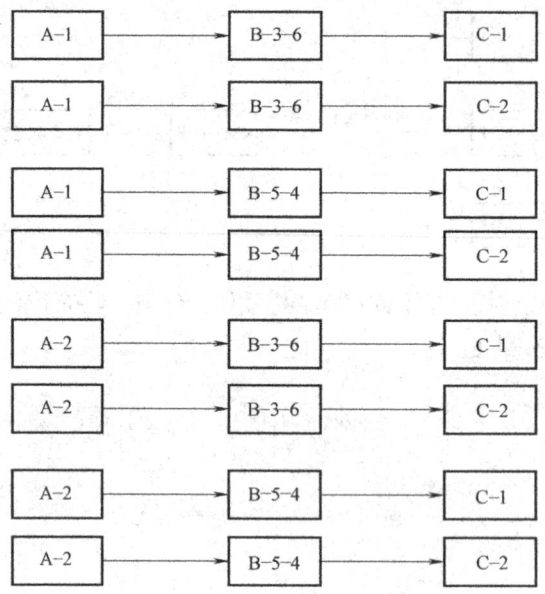

电路特点：三个双联开关组合可以有 8 条通路，在每条通路上只要任一开关切换即可断开，但再切换另一地开关又能形成通路。

【小结】

1）控制电路需符合安全规范，避免短路及触电事故。
2）成本考量，减少迂回布线。
3）设计灵活，有利于替换与扩展；使用方便，有利于安装与维护。

【知识拓展】

1. 单向晶闸管改进电路

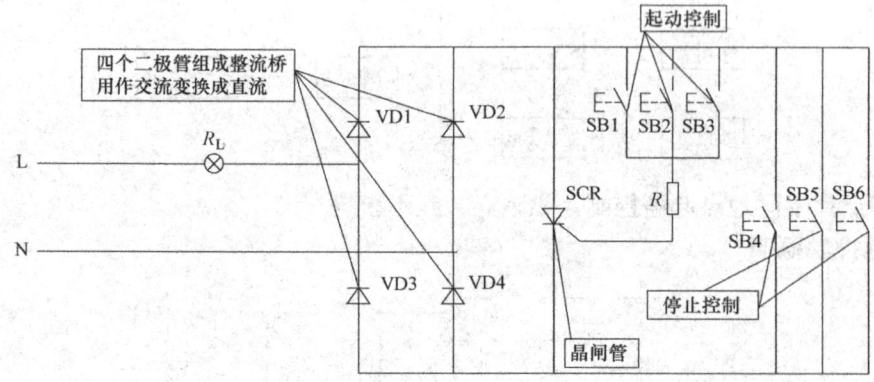

此电路经整流后由按钮组合控制，步骤为：按下 SB1、SB2、SB3 中任一个，晶闸管导通，灯亮；松开后，晶闸管门极失去触发电压但由于其自身保持持续导通特性而继续导通；

按下SB4、SB5、SB6中任一个，相当于把晶闸管短路，晶闸管失去电压而截止，灯熄灭。

2. PLC实现两地控制

（1）I/O分配表

输入			输出		
元件代号	作用	输入继电器	元件代号	作用	输出继电器
SB1	A起动按钮	X000	KM1	运行控制	Y000
SB2	B起动按钮	X001			
SB3	A停止按钮	X002			
SB4	B停止按钮	X003			

（2）PLC接线图

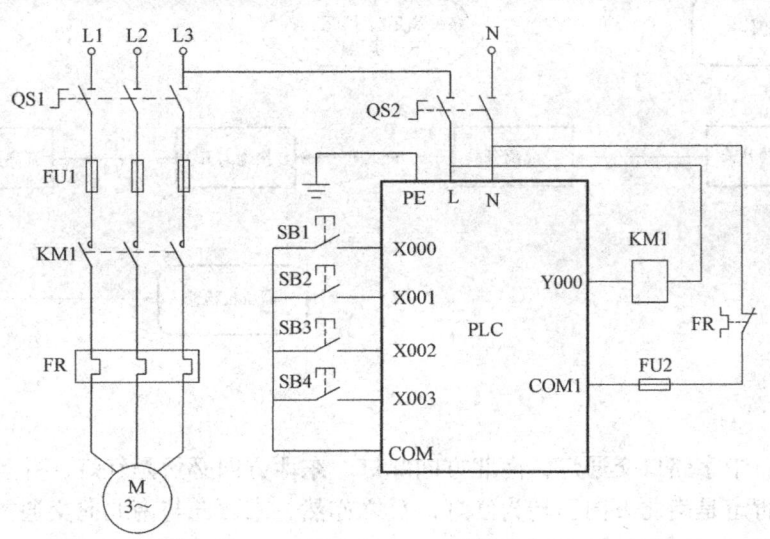

（3）PLC程序

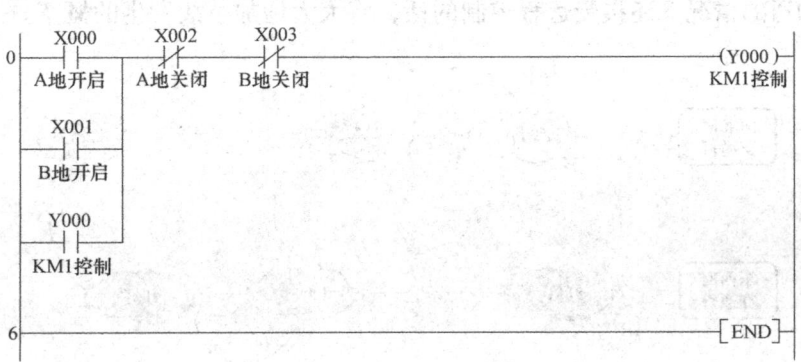

3.4 互锁控制电路

电气控制中互锁主要是为保证电器安全运行而设置的。几个回路之间，利用某一回路的辅助触点，去控制对方的线圈回路，进行状态保持或功能限制。在正反转控制电路中，"互锁"是为防止相间短路，当其中一个接触器工作时，迫使另一个接触器不能工作的保护环节。

互锁实现的手段一般有三种：电气互锁、机械互锁、程序互锁。

（1）电气互锁　就是将两个接触器的常闭触点接入另一个接触器的线圈回路里，这样一个接触器得电动作另一个接触器线圈回路就不可能闭合通电。

（2）机械互锁　一般通过机械装置（如机械杠杆）来卡住开关。

（3）程序互锁　一般指 PLC 程序中通过软元件常闭触点来实现。

以高压柜停电为例，如果不断开负荷开关，隔离开关就拉不开；负荷开关及隔离开关不拉开就合不上接地刀开关；接地刀开关合不上就打不开高压柜门。

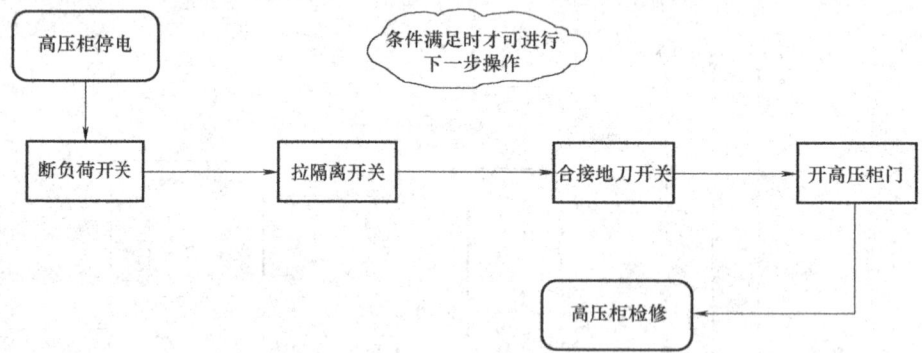

【场景案例】

生活场景：十字路口交通灯，南北方向绿灯、东西方向必然是红灯，并且东西方向要转为绿灯的前提肯定是南北方向已转为红灯，反之亦然，东西向与南北向交通指示灯之间就是互锁的关系；否则大家都是绿灯通行状态，必然引发交通拥堵及安全事故。

工作场景：工厂里面凡涉及电动机正反转的电路，一般都会应用互锁以增强安全性。此外，在设备就地控制与远程控制两种模式间也会加上互锁，否则一台设备在现场已有人员操作且未有效沟通的情况下还接受远程控制的话，将大大增加事故发生的概率。

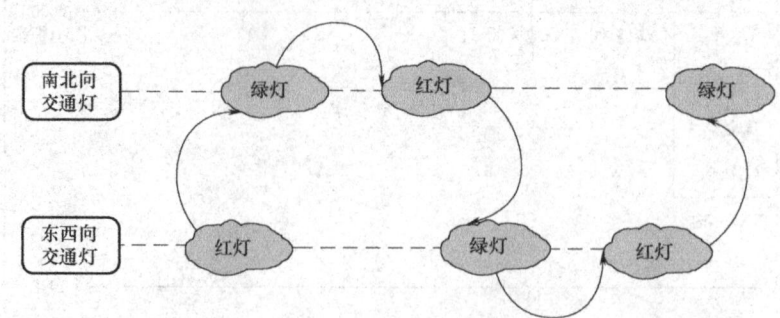

第3章 机床电气控制线路基本单元电路

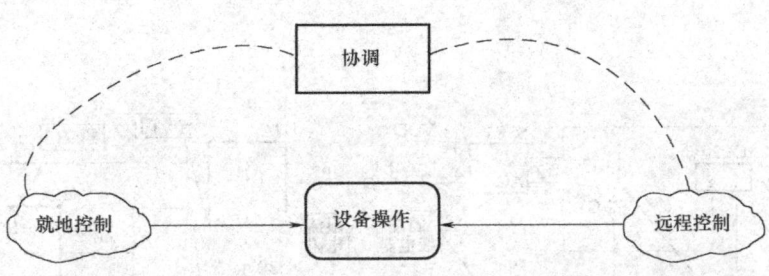

【典型电路】

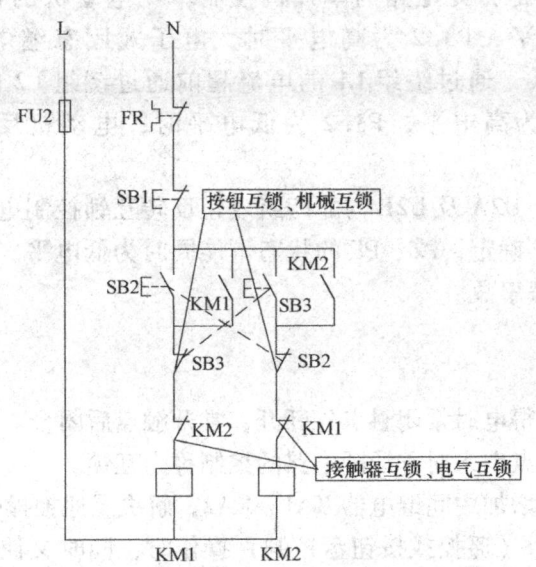

该电路的工作原理是：按下按钮 SB2，其常闭触点先断开保证 KM2 线圈失电，这样 KM2 辅助常闭触点复位闭合，SB2 常开触点后闭合接通 KM1 线圈，KM1 辅助常闭触点断开以保证 KM2 线圈回路断开。

按钮 SB3 的工作情况与 SB2 相同，这里不再叙述。

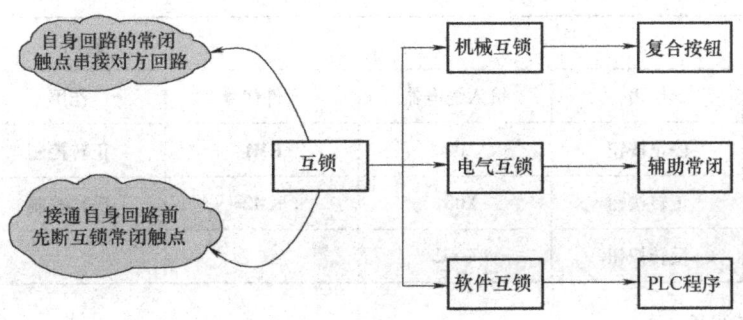

【拓展电路】

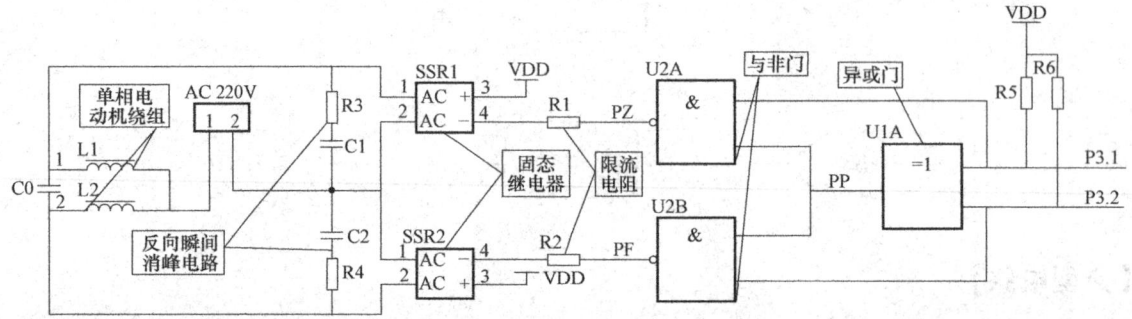

该电路的工作原理是：此电路为单片机控制单相电动机的正反转，当单片机 I/O 输出端口 P3.1 为低电平，P3.2 为高电平时，电子式固态继电器 SSR1 导通，220V 交流电源从 C01 端接入，通过绕组 L1 的电流超前通过绕组 L2 的电流 90°，实现单相电动机正转。当 P3.1 为高电平，P3.2 为低电平时，电动机反转，分析过程同上面所述。

注意：U1A 异或门、U2A 及 U2B 与非门组成正反转互锁控制电路，以防止单片机在特殊情况下控制逻辑状态不确定，PZ、PF 的状态不能同时为低电平，这样可避免电动机无法正常起动而造成堵转烧毁事故。

【小结】

1）交流接触器线圈得电时常闭触点先断开，常开触点后闭合。
2）将自己的常闭触点串入对方线圈电路的控制称为互锁。
3）起重机电路通过增加中间继电器 KA1、KA2，解决了遥控操作与按钮盘控制的互锁，防止了因使用其中某一个（遥控或按钮盘控制）操作时，同时又使用另一控制装置进行操作而发生事故。
4）梯形图中已经有了软元件的互锁触点，还需在输出电路中增加互锁。

【知识拓展】

PLC 控制电路

（1）I/O 分配表

输入			输出		
元件代号	作用	输入继电器	元件代号	作用	输出继电器
SB1	停止按钮	X000	KM1	正转控制	Y000
SB2	正转按钮	X001	KM2	反转控制	Y001
SB3	反转按钮	X002			

（2）PLC 接线图

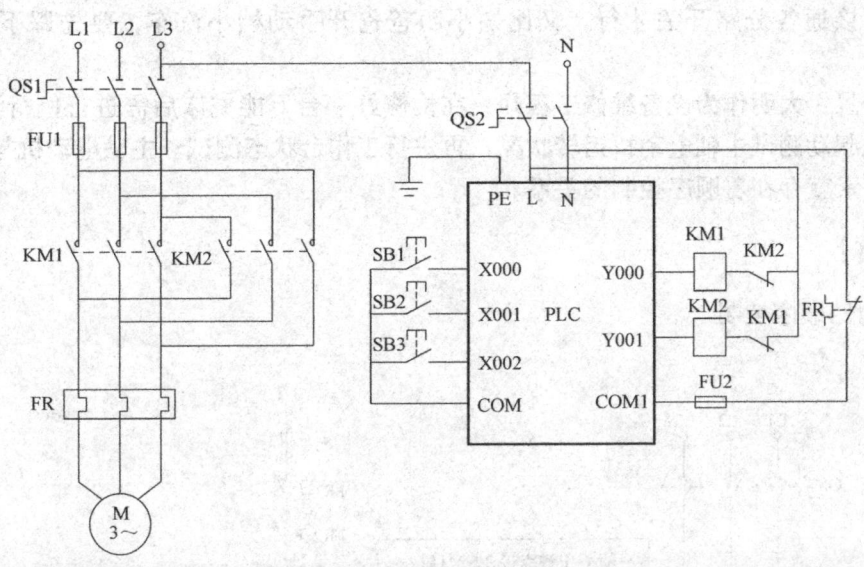

(3) PLC 程序

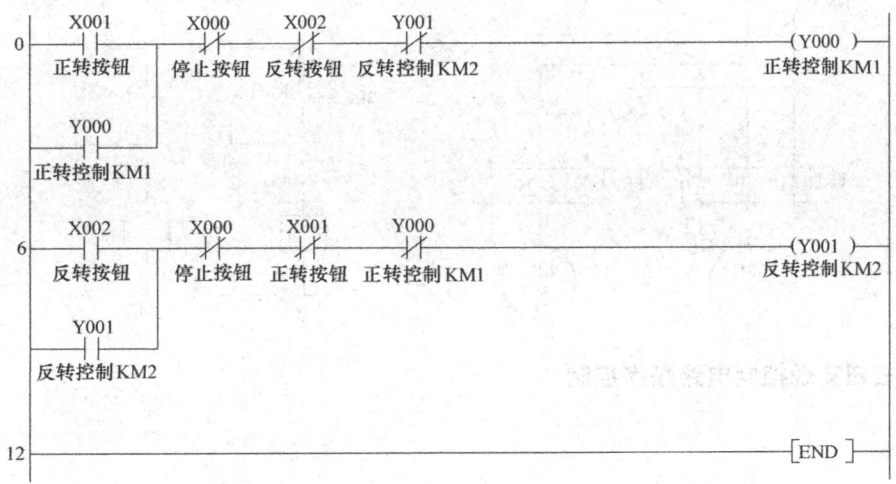

3.5 顺序起动控制电路

所谓顺序控制,是指两台或两台以上的电动机有先有后的起动或者停止的控制方式。在装有多台电动机的生产机械上,电动机的作用不同,需要按一定的顺序控制起动,才能保证操作过程的合理性和工作的安全可靠性。

对于顺序控制的方式,由于电路由主电路和控制电路组成,为了达到顺序控制,我们可以在主电路中想办法,也可以在控制电路中想办法;如果顺序控制的先后有一定的时间要求,我们还可以用时间继电器来完成设计。这样顺序控制可以采用:主电路联锁、控制电路联锁、用时间继电器完成先后控制三种方式。

【场景案例】

生活场景:小明家里各个房间里的电器设备要正常工作的话,必须先闭合进户电控箱中的总闸，再接通各分路开关才行。又比如小明爸爸开手动档小汽车，要先踩下离合才能挂档。

工作场景：大明作为设备维修工程师，在检修好一台万能铣床后需进行例行测试运行。只见大明先起动测试主轴电动机运转状况，再进行工作台状态测试。主轴电动机与工作台之间因安全因素就存在着顺序控制的关系。

【典型电路】

1. 主电路顺序控制

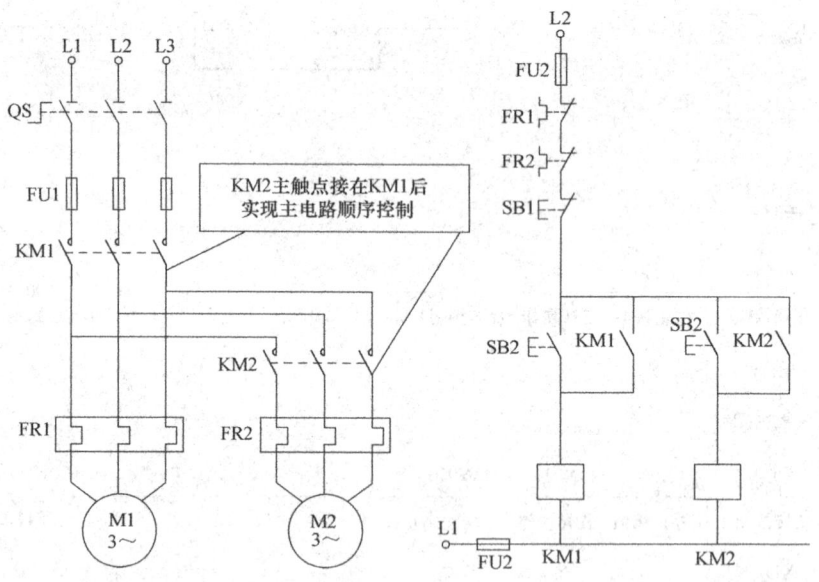

2. 用按钮实现控制电路顺序控制

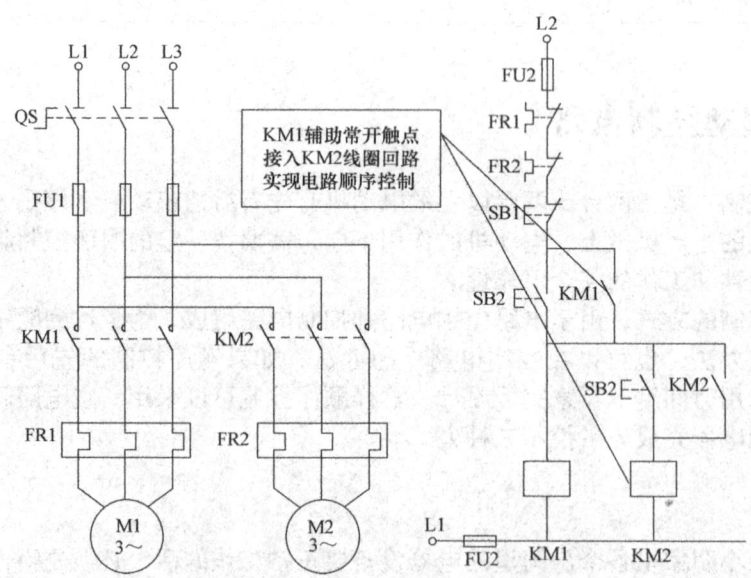

3. 用时间继电器实现控制电路顺序控制

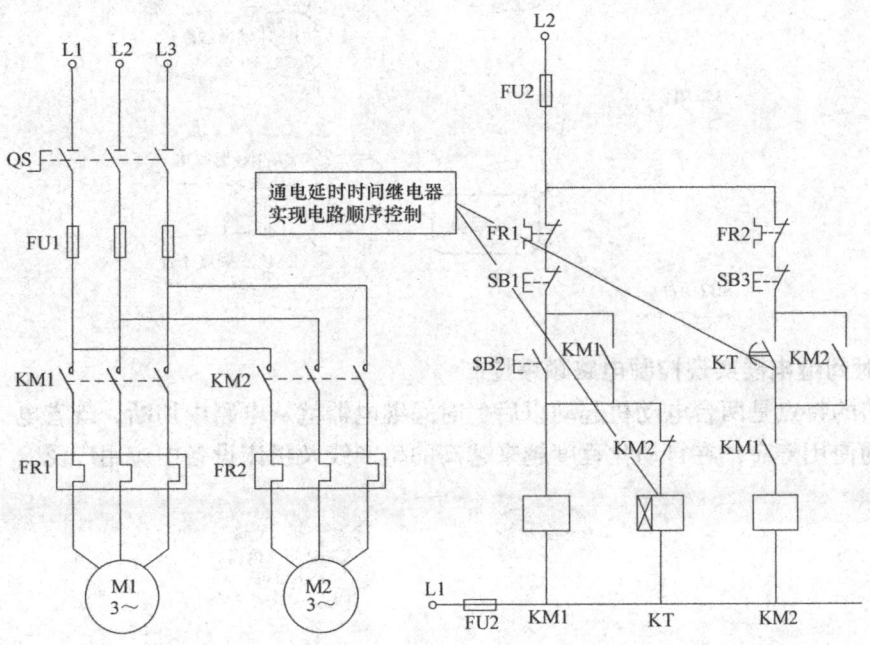

【工作原理】

1. 主电路顺序控制

在主电路上实现顺序控制的特点是电动机 M2 的主电路接在 KM1 的主触点的下面。其工作原理：只有当 KM1 主触点闭合时，电动机 M1 起动运转后，KM2 才能使 M2 得电起动，实现了 M1、M 2 的顺序起动控制要求。

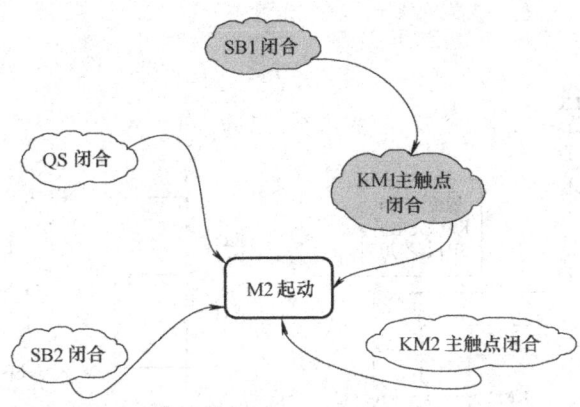

2. 用按钮实现控制电路顺序控制

在控制电路实现顺序控制的特点是 KM1 辅助常开触点接入 KM2 线圈回路里。其工作原理是：当 KM1 辅助常开触点闭合后，KM2 线圈才能得电，即电动机 M1 运转后 M2 才能起动。

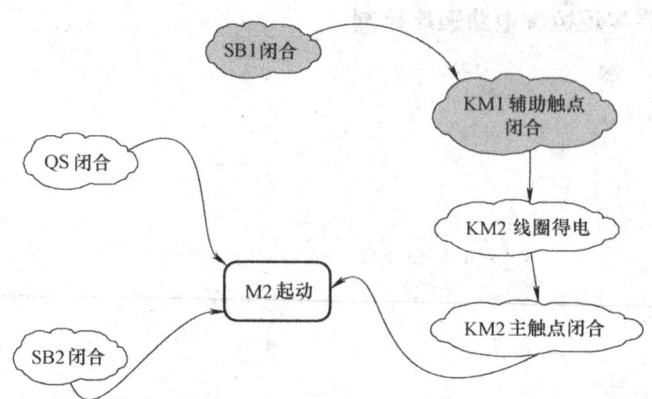

3. 用时间继电器实现控制电路顺序控制

该电路的特点是两台电动机起动以后，时间继电器就从电路中切断，既省电又延长了时间继电器的使用寿命，在自动化程度越来越高的生产线及机床设备中应用广泛。

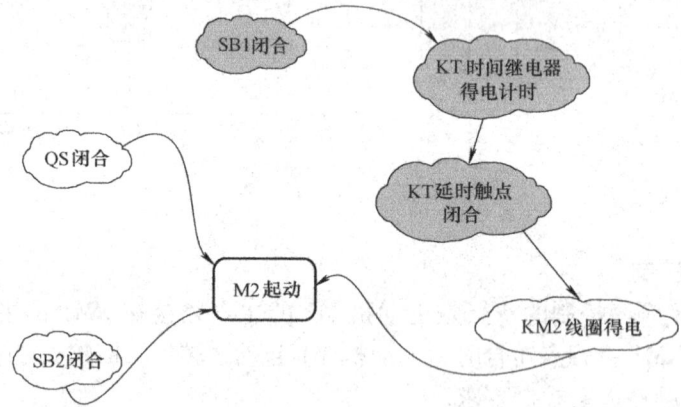

【拓展电路】

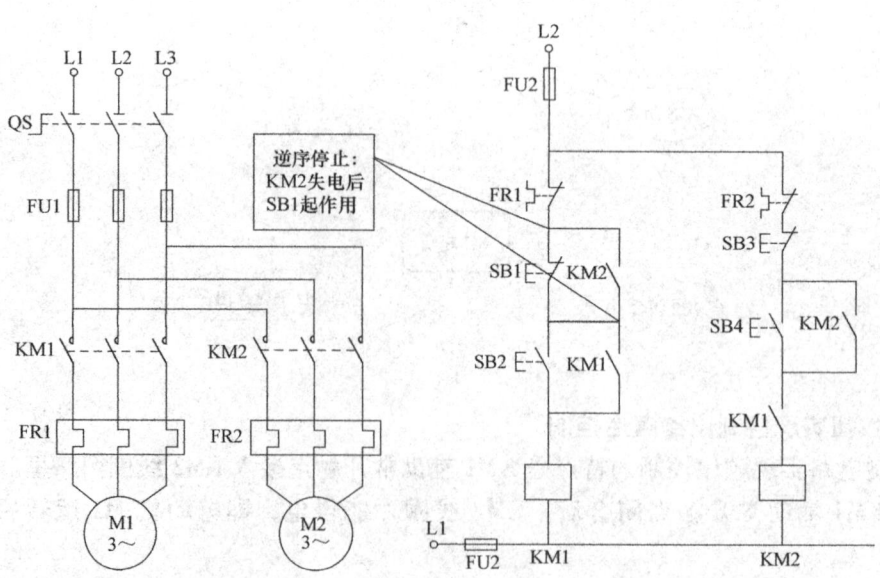

电路特点：KM2 的一个辅助常开触点将停止按钮 SB1 短接，使 SB1 失去控制作用，无法先停止 M1 控制接触器 KM1。停止时只有先按下按钮 SB3，使 KM2 线圈失电辅助触点复位（触点断开），SB1 按钮才起作用。

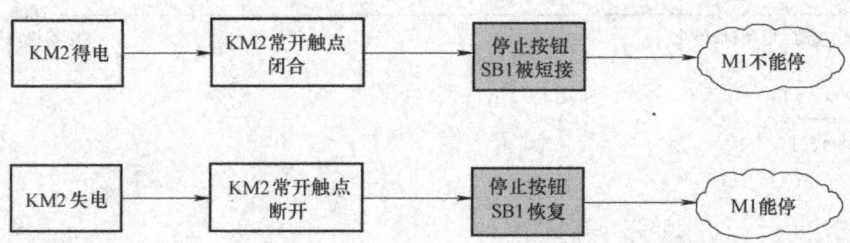

【知识拓展】

PLC 控制电路

（1）I/O 分配表

输入			输出		
元件代号	作用	输入继电器	元件代号	作用	输出继电器
SB1	电动机 1 起动按钮	X000	KM1	M1 控制	Y000
SB2	电动机 2 起动按钮	X001	KM2	M2 控制	Y001
SB3	电动机 1 停止按钮	X002			
SB4	电动机 2 停止按钮	X003			

（2）PLC 接线图

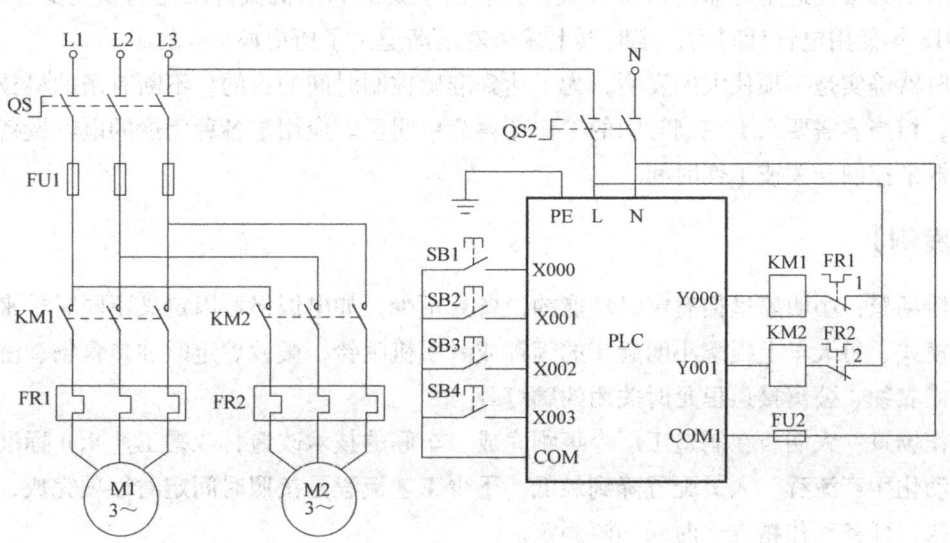

（3）PLC 程序

3.6 定时控制电路

人类历史上最早使用的定时工具是沙漏或水漏，钟表发明后，人们开始尝试使用这种全新的计时工具来改进定时器。1876 年英国外科医生索加利用机械钟来控制煤气街灯的开关，到了 1918 年使用电钟计时后，定时器上发条就逐渐退出了历史舞台。

定时器确实是一项伟大的发明，为了达到准确控制时间的目的，不断有新的科技创新应用于此，相当多需要人工控制时间的工作变得简单明了。应用于各种用途的电气设备都安装了定时器来控制开关或工作时间。

【场景案例】

生活场景：小明家里拥有定时功能的设备真不少，如电饭煲可以定义不同时长来设定各类煮煲模式、每天早上提醒小明起床的闹钟或者手机闹铃、微波炉定时加热食物、洗衣机定时长洗涤衣物、公寓楼道里延时关闭的廊灯等。

工作场景：大明所在制造工厂今年刚完成一车间的技术改造，依据工业 4.0 标准车间实现全自动化生产流程，人员配置降到最低。不少工艺流程是按照时间定时逐项完成，机器人代替人执行任务动作精准、时间间隔固定。

【典型电路】

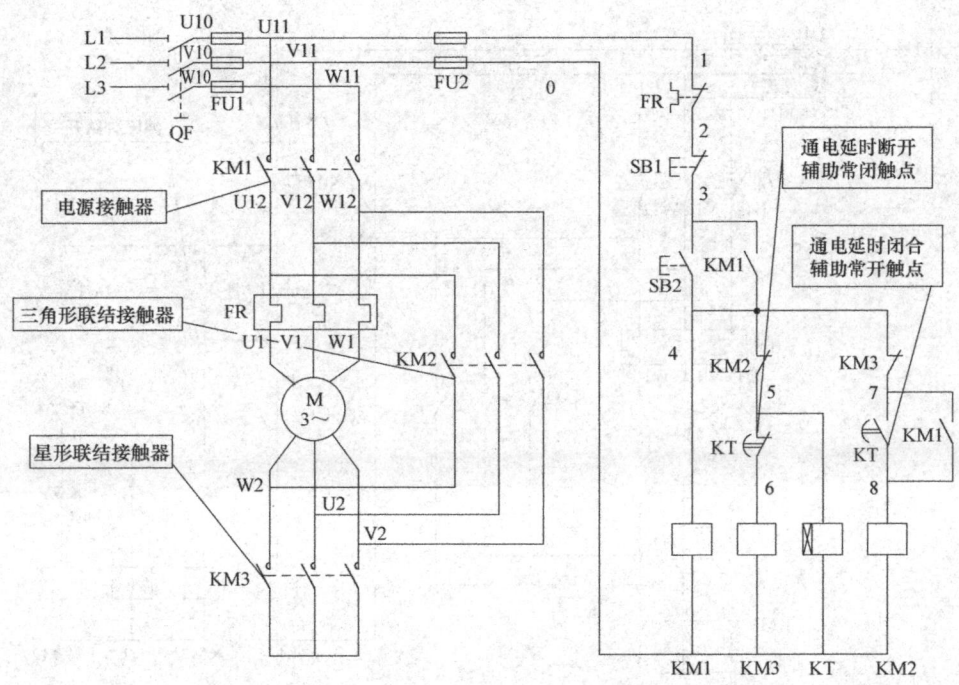

【工作原理】

合上电源开关 QF，按下起动按钮 SB2，则线圈 KM1、KM3、KT 得电，电动机 M 接成星形起动运行，同时 KT 开始计时，计时时间到 KT 延时断开常闭触点先断开 KM3 回路，电动机停转，KT 延时闭合触点再接通 KM2 回路，电动机接成三角形运行。

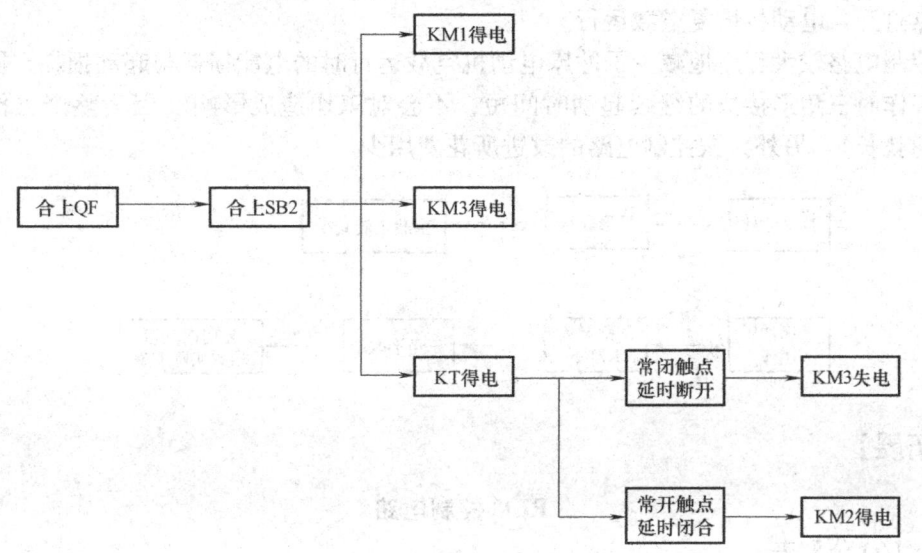

【拓展电路】

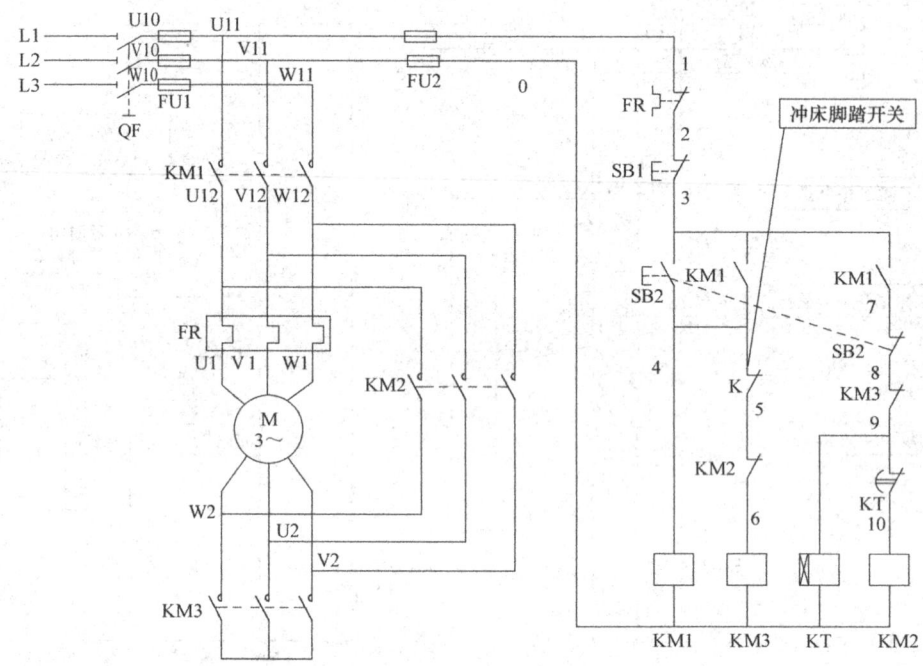

该电路的特点是：该电路为冲床节能控制电路，实际工作中普通机床空载运行时间较长，浪费了大量的电能，采用时间继电器改进电路可以实现节能。

其工作原理是：起动时，按下按钮 SB2，接触器 KM1 与 KM3 的线圈通电，电动机星形联结减压起动。如果冲床一直空转，则电动机定子绕组星形接法不变，使电动机的空载电流减少。输出功率减少，效率和功率因数得到提高。当冲床需要工作时，踩一下脚踏开关 K，KM3 线圈失电，KT、KM2 线圈得电，电动机三角形联结运行。当冲床完成冲压任务后，KT 延时触点打开，电动机恢复空载运行。

该控制电路较大程度地减少了冲床电动机空载运行时的电能损耗与起动损耗，同时当需要投入工作时三角形接法的继续起动时间短，不会对工作造成影响（因为整个工作过程中空载时间就长）。另外，该控制电路的改进所花费用少。

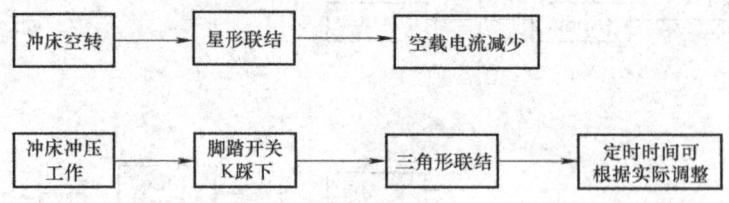

【知识拓展】

PLC 控制电路

（1）I/O 分配表

第3章 机床电气控制线路基本单元电路

输入			输出		
元件代号	作用	输入继电器	元件代号	作用	输出继电器
SB1	停止按钮	X000	KM1	电源控制	Y000
SB2	起动按钮	X001	KM2	三角形控制	Y001
			KM3	星形控制	Y002

(2) PLC 接线图

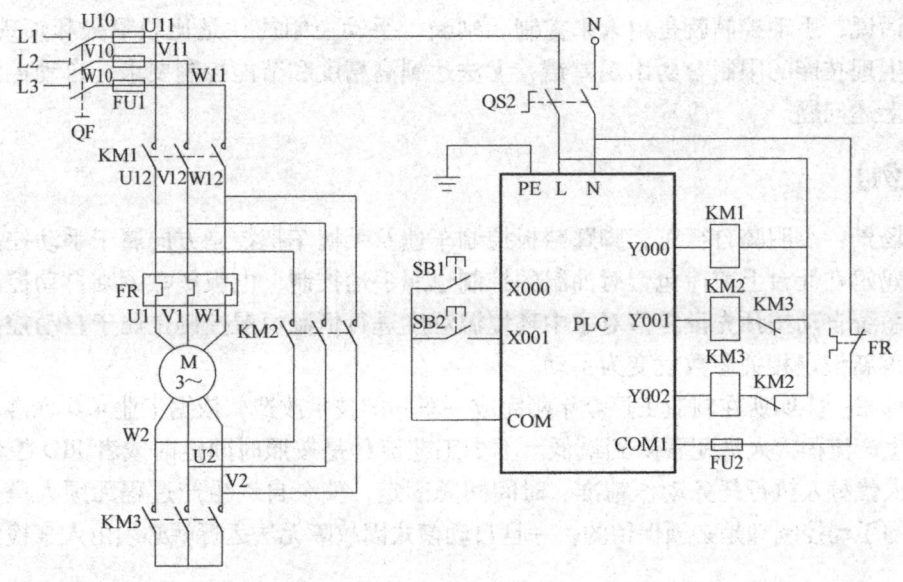

(3) PLC 程序

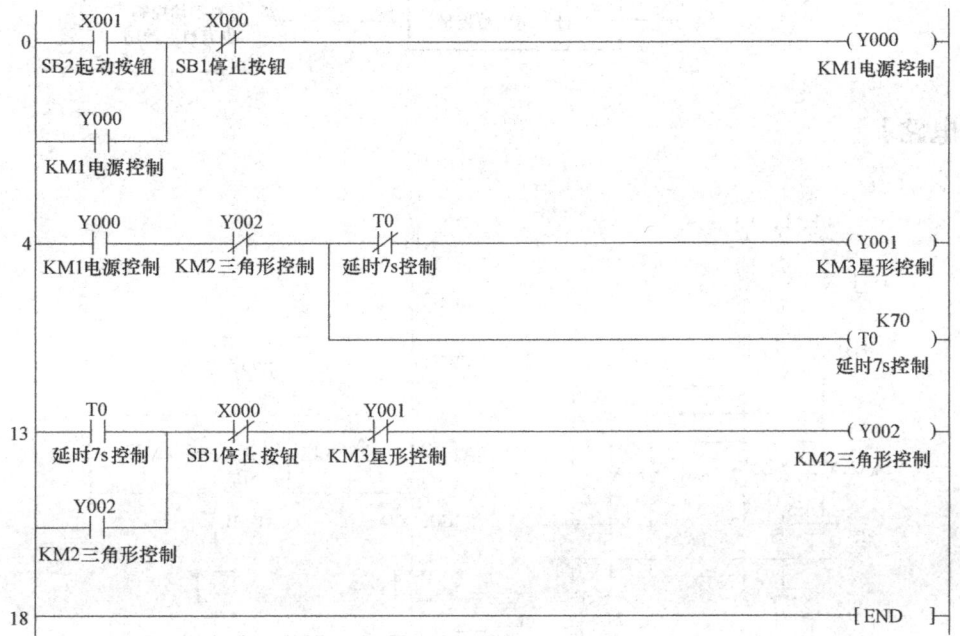

3.7 手动和自动控制电路

手动控制过程是在人的直接干预和全程干预下进行的。而自动控制则是在无人直接参与的情况下，使事物的变化准确地按照期望的方向进行。相应地，能够实现手动和自动控制功能的电路称之为手动控制电路和自动控制电路。

换句话说，手动控制就是由人来控制和判断，手动控制往往是比较紧张和烦琐的工作，加上人体生理技能的限制容易出现差错，无法达到高精度和节能控制要求。自动控制则能很好地解决上述问题。

【场景案例】

生活场景：小明骑自行车，脚踩踏板控制车速及手握车把控制方向属于手动控制；再比如，小明妈妈在灶台上煎荷包蛋对油温的控制也属手动控制，电饭煲煮粥则自动控制。小明家中空调系统自动按预先设定值对家中环境温湿度进行恒温恒湿控制也属于自动控制，而一旦人介入重新设定相关参数就变为手动。

工作场景：大明所在制造工厂今年刚完成一车间的技术改造，依据工业 4.0 标准车间实现全自动化生产流程，人员配置降到最低。不少工艺流程是按照时间定时或者 PID 控制逐项完成，机器人代替人执行任务动作精准、时间间隔固定，整个自动生产过程无须人员介入。但是，设备的手动控制却是必须保留的，一旦自动模式因故障无法运行就必须由人来检修维护。

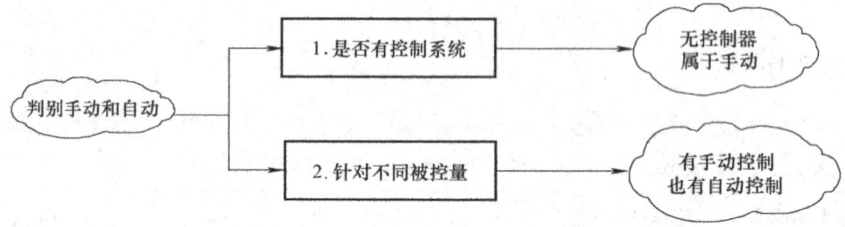

【典型电路】

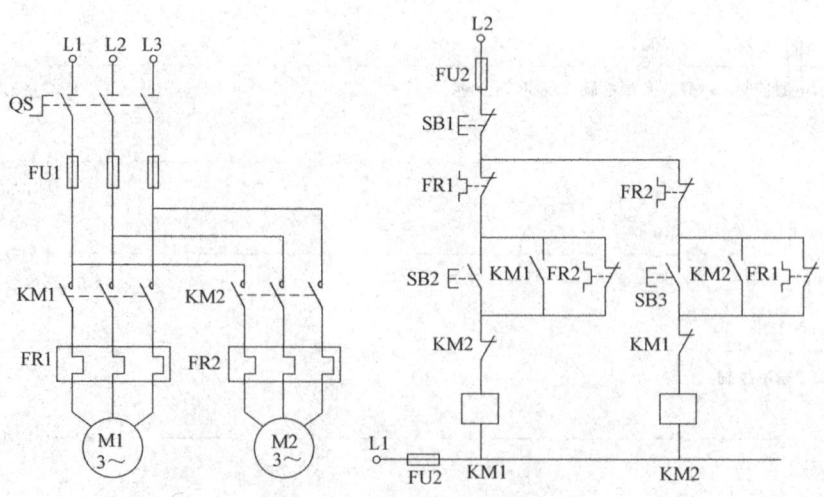

【工作原理】

该电路实现的功能是：两台电动机互为备用，手动模式通过按 SB2、SB3 切换电动机 M1、M2 运行；自动模式通过 FR1、FR2 常开触点实现一台电动机故障时自动投入另一台电动机。

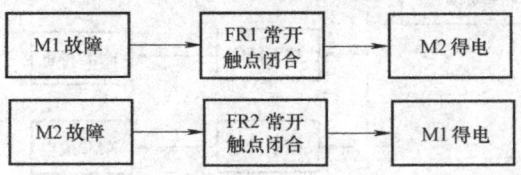

【拓展电路】

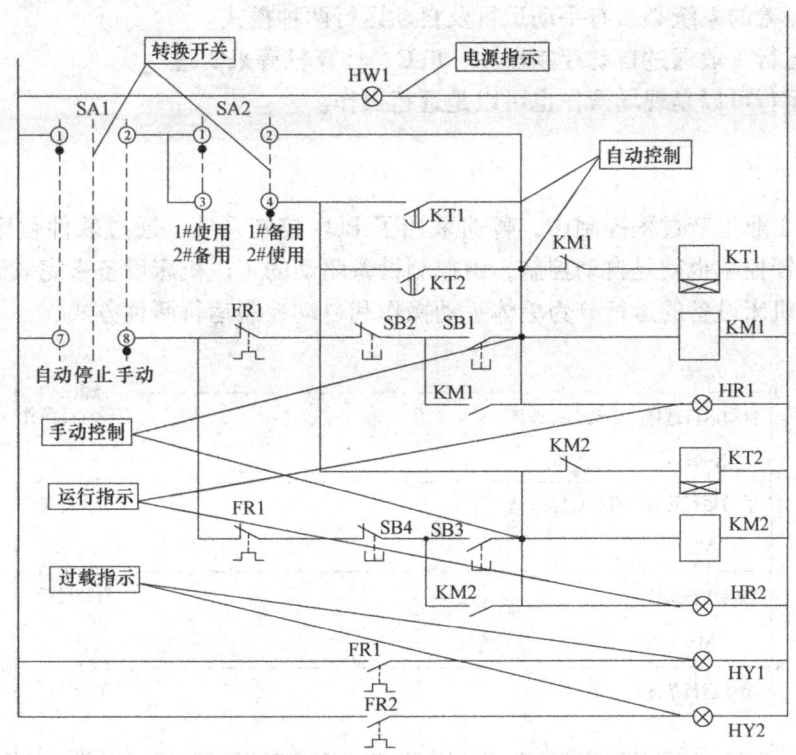

该电路的工作原理是：转换开关 SA1 实现手自动模式切换，SA2 实现两台电动机运行备用方式，KT1、KT2 实现电动机故障时自动切换，HW1 电源指示、HR1 电动机 M1 运行指示、HR2 电动机 M2 运行指示、HY1 电动机 M1 报警指示、HY2 电动机 M2 报警指示。

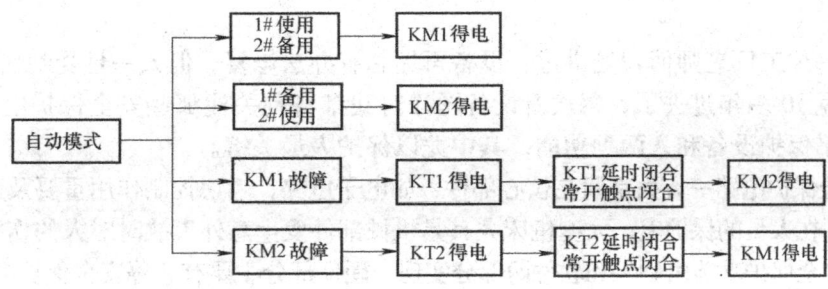

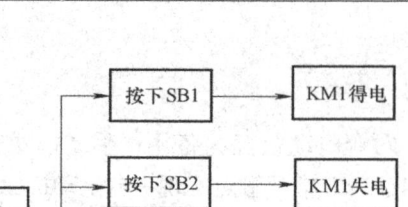

【小结】

1）一个完善的系统必然有手动运行及自动运行两种模式。

2）自动运行一般通过自动控制器件、PLC、计算机等来实现。

3）手动运行可以是现场操作也可以是远程操作。

【知识拓展】

在当前的工业生产过程控制中，普遍采用了 PLC 控制系统，通过软件程序来实现控制设备之间的联锁控制也就是自动控制，由控制设备驱动的工厂机床设备来完成满足工艺要求的生产过程。机床设备的运行分为单体手动操作和自动控制运行两种方式。

3.8 安全保护电路

记得有一位工厂老师傅曾经讲过：设备再坏总有办法修复，但人一旦受到伤害却不可逆转。如今一晃 10 多年过去了，每次看设备图样时我都特别关注那些安全保护电路。安全保护电路无外乎保护设备和人两种功能，其中尤以保护人最关键。

机床安全保护电路一方面是用在核心部件，如电子电路，考虑控制作用重要及成本价值高；另一方面是用在人员的保护上，大型机床尤其是机械部件发生意外事故时对人的伤害是巨大的。机床电路的安全保护功能由硬件和软件两部分实现，硬件部分主要有急停安全保护电路、防护门安全保护电路、行程限位安全保护电路等，软件部分主要包含控制程序和系统参数。

【场景案例】

生活场景：家里如有用电设备发生绝缘损坏漏电事故或者人体触电安全事故，在进户电源控制箱里的漏电保护开关会第一时间跳闸断电防止事故扩大。还有我们坐地铁或者进电梯，在门即将关闭夹到人时会自动开启门防止人员受到伤害。

工作场景：大明所在制造工厂今年一车间新引进的生产线上有很多保护装置，如侦测环境温度、有毒气体泄漏的，有工件脱离安全范围报警装置，有感应人体碰夹的预警系统。当然在机台设备本体上有着更多的保护电路，如过电流保护、过电压保护、失电压和欠电压保护等，更实际直观的便是红色急停按钮每台设备上均分布了不下三处地方。

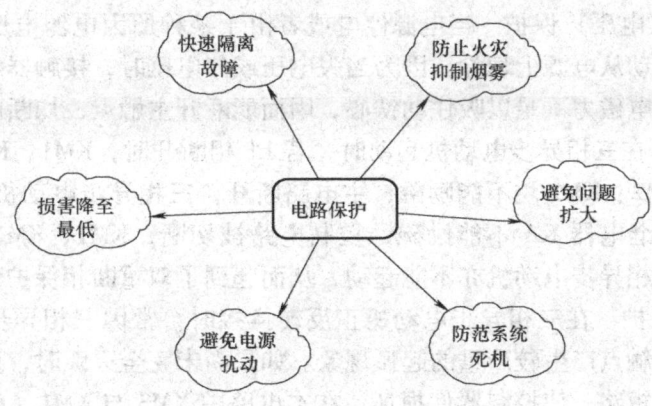

【典型电路】

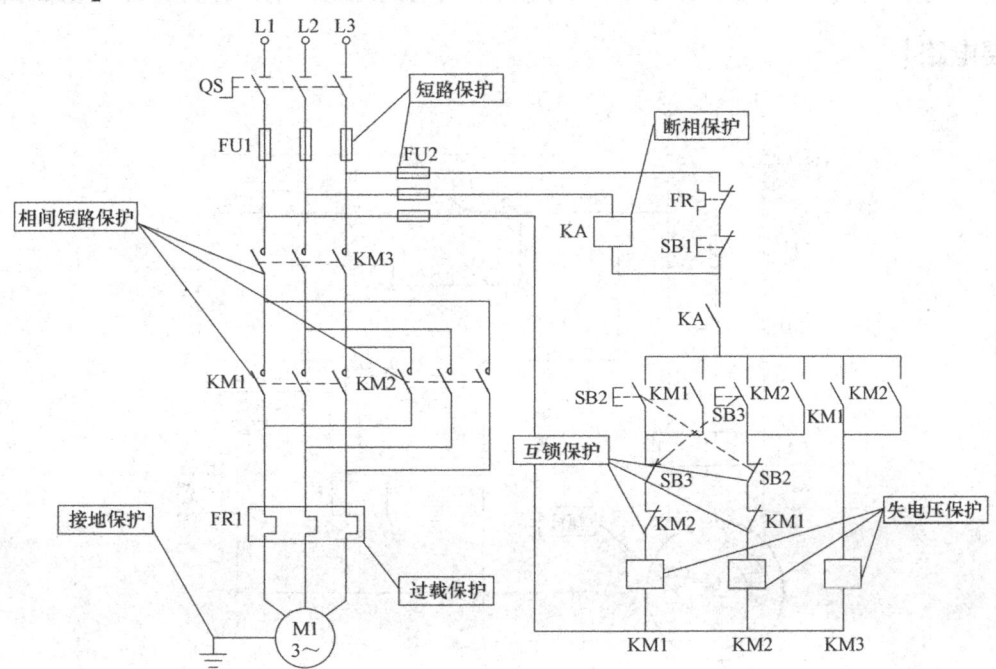

【工作原理】

(1) 短路保护　短路保护要求在短路故障产生后的极短时间内切断电源，常用方法是在线路中串接熔断器或低压断路器。

(2) 过载保护　因负载过大而导致电源设备自动断开供电的功能。过载保护要求不受电动机短时过载冲击电流或短路电流的影响而瞬时动作，通常采用热继电器作过载保护元件。

(3) 接地保护　使电工设备的金属外壳接地的措施，可防止在绝缘损坏或意外情况下金属外壳带电时强电流通过人体，以保证人身安全。

(4) 互锁保护　这里有按钮及接触器双重联锁，可有效防止单一互锁失效，保证两个接触器线圈不会同时得电，避免了两相电源短路的事故发生，电路安全、可靠。

(5) 失电压（欠电压）保护　当电源停电或者由于某种原因电源电压降低过多时，保护装置能使电动机自动从电源上切除。因为当失电压或欠电压时，接触器线圈电流将消失或减小，失去电磁力或电磁力不足以吸住动铁心，因而能断开主触点，切断电源。

(6) 断相保护　在三相异步电动机起动时，若 L1 相断开时，KM1、KM2、KM3 励磁通路被切断，KM1、KM2、KM3 均不能励磁，主电路断开，三相异步电动机不能起动；若 L2（L3）断相时，中间继电器 KA 不能励磁，控制电路被切断，KM1、KM2、KM3 均不能励磁，主电路断开，三相异步电动机亦不能起动，从而起到了双重断相保护作用。

(7) 相间短路保护　在三相异步电动机正反转换接时，常因三相异步电动机功率较大或操作不当等原因，触点产生较严重的起弧现象。如果尚未完全灭弧时，反转的交流接触器闭合，就会引起相间短路，使控制器件损坏。在本电路中 KM3 与 KM1（KM2）配合，可实现相间短路保护。当正反转转换时，正转接触器 KM1 断电后，交流接触器 KM3 也随着断开，KM3 与 KM1（KM2）组成四断点灭弧电路，可有效地熄灭电弧，实现相间短路保护。

【拓展电路】

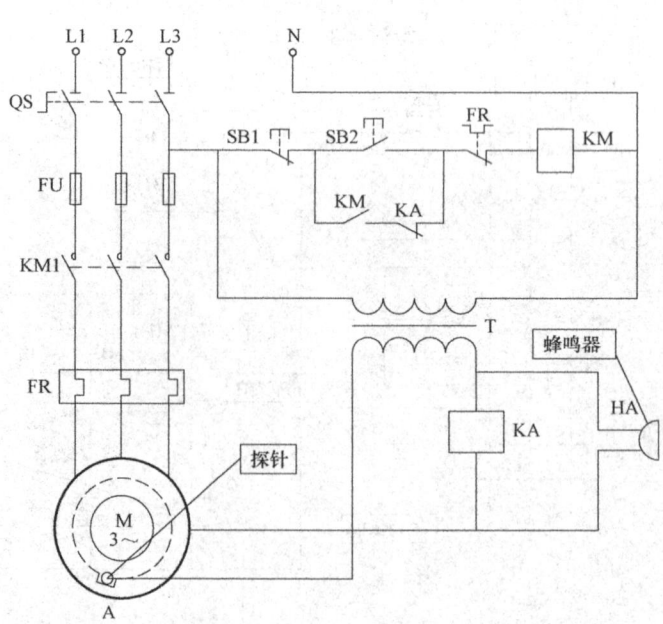

该应用电路为电动机防浸水保护电路，其工作原理是：有水进入电动机，且淹没探针 A 时，通过水使探针 A 与机壳接通，继电器 KA 吸合，常闭触点断开，KM 失电释放，电动机 M 停转；同时，HA 鸣响报警，通知工作人员排除水源，切断电源开关，对电动机进行烘干处理。

【小结】

机床设备的安全保护功能由硬件和软件两部分实现，硬件部分主要有急停、防护门、行程限位等安全保护电路，软件部分主要包含控制程序和系统参数。

【知识拓展】

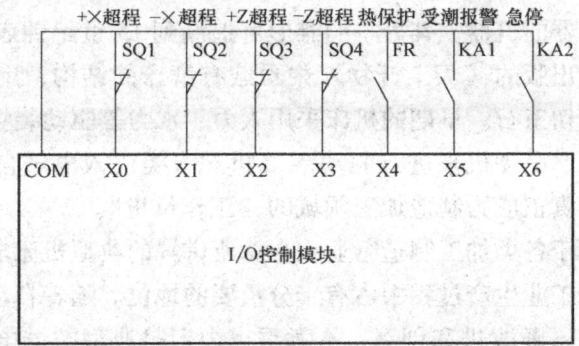

在自动控制系统中，各类现场信号被采集到 PLC 输入模块中，以便系统依据安全标准进行判别保护动作。

第4章 典型机床电气控制线路图的识读

机床被称为制造机器的机器,其最早的雏形可追溯到15世纪钟表匠用的螺纹车床和齿轮加工机床,我国明朝出版的《天工开物》中也载有磨床的结构,用脚踏的方法使铁盘旋转,加上沙子和水来剖切玉石。早期的机床采用人力、水力等驱动装置,随着工业技术的发展,机床逐渐由蒸汽机、电动机来进行驱动,20世纪人类进入电气自动控制时代,数控加工中心的出现使得机床真正成为制造加工领域的"工作母机"。

普通机床广泛应用于各类加工制造行业,本章所讲解的典型机床电气控制系统是机床的重要组成部分,在整个工业生产过程中占有十分重要的地位。随着自动控制技术的发展,机床的电气控制系统也在不断改进和创新,本章重点内容是典型的继电器-接触器控制系统,建议读者静心研读揣摩相关知识和内容,为后续章节 PLC、变频器改造机床的内容学习与拓展打下基础。

4.1 C6140型卧式车床电气控制系统

车床是应用最广泛的金属切削机床,卧式车床可以用来切削工件的外圆、内圆、端面和螺纹等,并可以装上钻头或铰刀等进行钻孔和铰孔的加工。CA6140型卧式车床是我国自行设计制造的车床,具有性能优越、机构先进、操作方便和外形美观等特点。CA6140型卧式车床主要由床身、主轴箱、进给箱、溜板箱、刀架、丝杠、光杠和尾架等部分组成。

【电源电路识图】

C6140型卧式车床的电源电路由三相交流电 L1、L2、L3 经低压隔离开关 QS 接入车床,作为主轴电动机 M1、冷却泵电动机 M2 和刀架快速移动电动机 M3 的电源。同时,三相交流电源经变压器 TC 降压后分别供给接触器(110V)、照明灯(24V)以及指示灯(6.3V)。

【主电路识图】

C6140型卧式车床的电气控制线路如下:

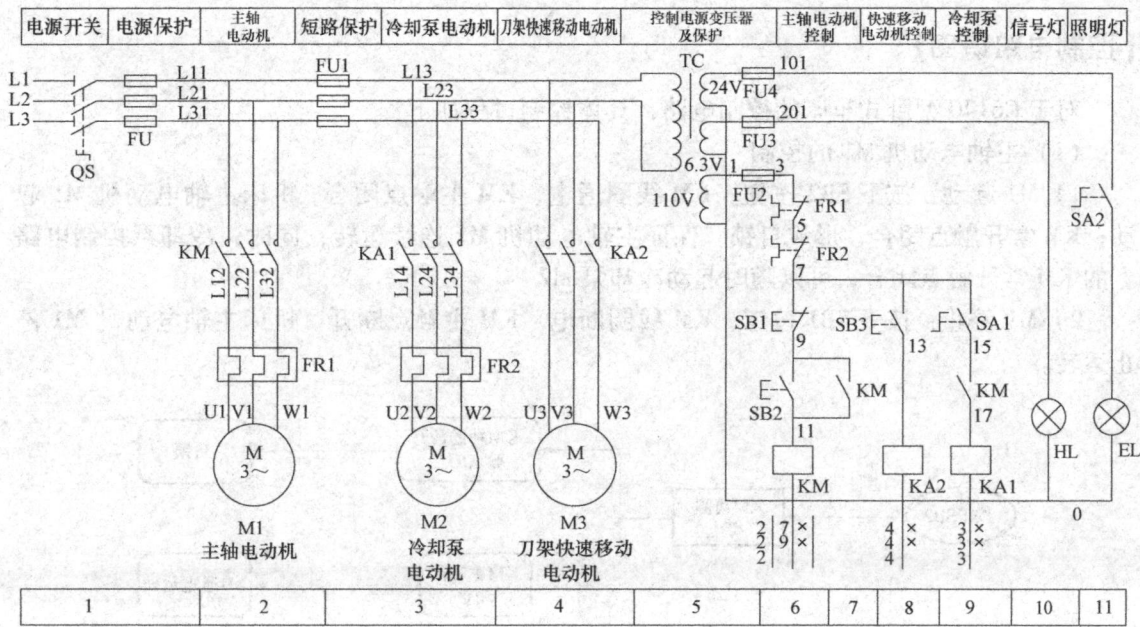

C6140 型卧式车床的主电路有 M1、M2、M3 三台电动机，分别控制车床的主轴、冷却泵和刀架的快速移动。

（1）主轴电动机 M1 用来完成主轴主运动和刀具的纵横向进给运动的驱动。由接触器 KM 控制，带动主轴旋转，并且驱动车床刀架进给运动。由 FU 作为短路保护，热继电器 FR1 作为过载保护，接触器 KM 作为欠（失）电压保护。

（2）冷却泵电动机 M2 用于在车床加工过程中提供冷却液，以防止刀具和工件的温升过高。M2 电动机由于功率不大，所以用中间继电器 KA1 来控制、由热继电器 FR2 作为过载保护。

（3）刀架快速移动电动机 M3 它可根据生产需要，随时手动控制电动机的起动或停止。此电动机是用中间继电器 KA2 实现点动控制，工作时间短且容量不大。

注意：M1、M2 为连续运转的电动机，分别利用热继电器 FR1、FR2 作过载保护；M3 为短时工作电动机，因此未设过载保护。熔断器 FU1 和 FU2 分别对主电路、控制电路实施短路保护。

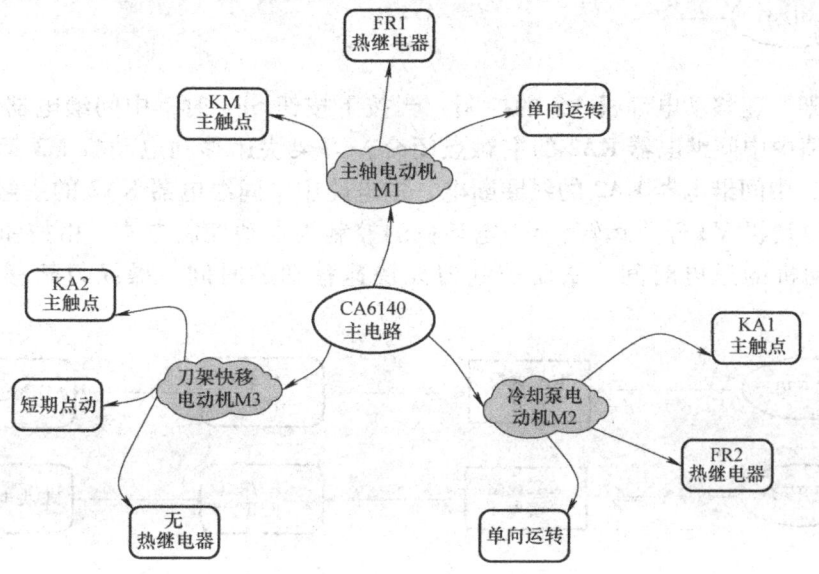

【控制电路识图】

对于 C6140 型卧式车床的控制电路，具体控制过程如下：

（1）主轴电动机 M1 的控制

1）M1 起动：按下 SB2 按钮，KM 线圈通电，KM 主触点闭合，机床主轴电动机 M1 起动；KM 常开触点闭合，形成自锁，保证主轴电动机 M1 连续运转；同时，冷却泵控制电路上的 KM 常开触点闭合，可以随时起动冷却泵 M2。

2）M1 停止：按下 SB1 按钮，KM 线圈断电，KM 主触点断开，机床主轴电动机 M1 停止运转。

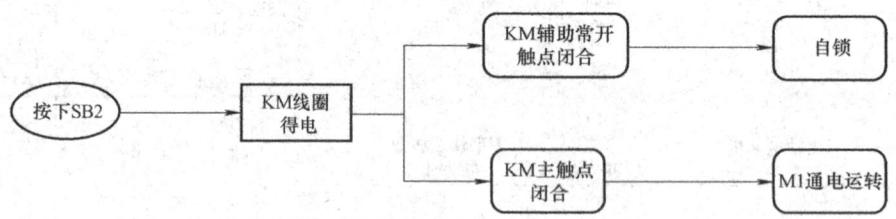

（2）冷却泵电动机 M2 的控制 采用主轴电动机 M1 和冷却泵电动机 M2 顺序联锁控制，当主轴电动机 M1 起动后，冷却泵电动机 M2 才能起动；当主轴电动机停止时，冷却泵电动机也自动停止运行。在主轴电动机 M1 正常工作时，冷却泵控制电路上的 KM 常开触点已经闭合，再由开关 SA1 来控制中间继电器 KA1 的通电和断电，从而控制 M2 电动机的工作状态。

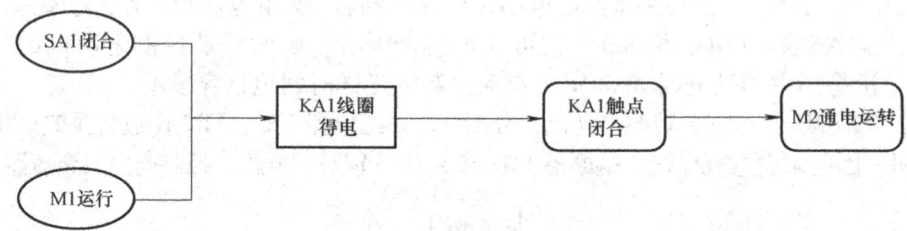

（3）刀架快速移动电动机 M3 的控制 当按下按钮 SB3 时，中间继电器 KA2 的线圈通电，主电路中中间继电器 KA2 的主触点闭合，刀架快速移动电动机 M3 运转。当松开按钮 SB3 时，中间继电器 KA2 的线圈断电，主电路中中间继电器 KA2 的主触点断开，刀架快速移动电动机 M3 停止运转。M3 电动机的控制为点动控制方式，由按钮 SB3 来直接控制 M3 电动机的通电时间，从而控制刀架快速移动的时间，操纵刀架移动到指定的位置。

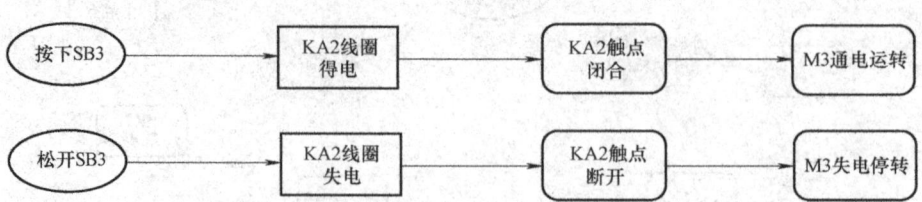

(4) 电动机的保护控制　C6140 型卧式车床的控制电路由控制变压器 TC 将 380V 交流电降为 220V，为控制电路供电，由 FU3、FU4、FU2 分别对指示灯、照明灯、主轴控制电路、冷却泵控制电路、刀架快速移动控制电路作短路保护。

当电动机的控制电路发生过载时，热继电器 FR1 和 FR2 的常闭触点断开，停止三个电动机运转，起到过载保护作用。

【照明与信号电路识图】

(1) 照明电路　照明电路由变压器 TC 输出 24V 交流电压供电，其通电回路为：

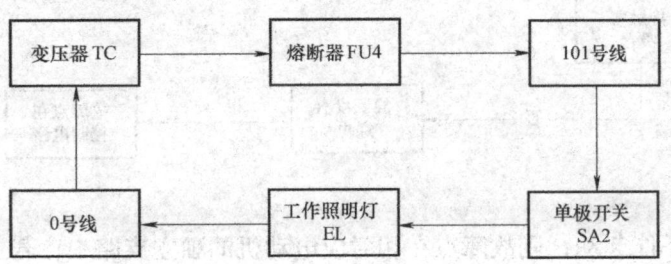

(2) 信号电路　机床信号电路由变压器 TC 输出 6.3V 交流电压供电。当合上电源总开关 QS，信号指示灯 H 发亮，断开电源总开关 QS 后，信号指示灯熄灭，其通电回路为：

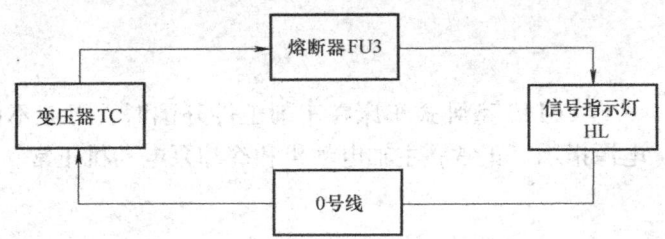

【电气故障分析】

操作车床时，首先观察车床的指示灯和照明灯是否正常工作，若不正常工作，则故障点在变压器前面的电路中；若信号灯与照明灯正常，三台电动机不能正常工作，则故障点在三台电动机的共同线路上，如图所示，在变压器二次侧到热继电器 FR2 的线路上。

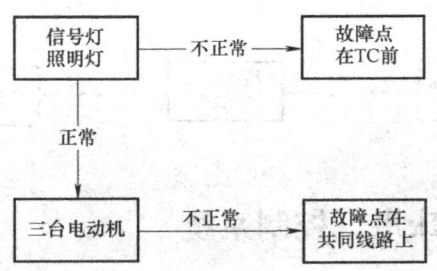

电动机不运转时，首先要判断故障点在哪部分电路中。若按下起动按钮后，能听到接触器主触点的吸合声音，说明接触器的线圈能够正常通电，对应电动机控制电路没有故障，故障点在此电动机的主电路中：接触器的主触点不能正常闭合或电动机主电路的导线有断点。若按下起动按钮后，听不到接触器主触点的吸合声音，说明接触器的线圈没有通电，故障点在相应电动机的控制电路中。

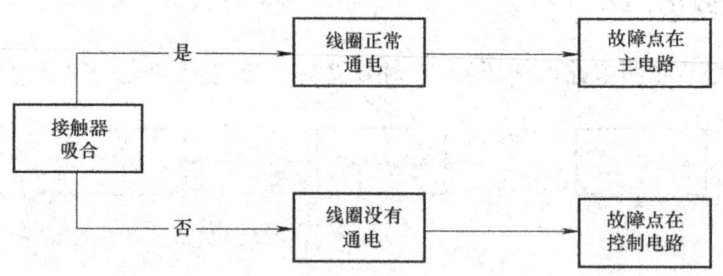

若某个电动机不能起动，则故障点在相对应电动机的独立支路中；若主轴电动机只能点动，则故障点在接触器的自锁支路中。

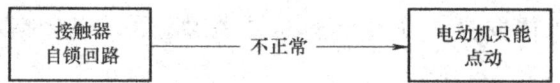

【检修案例】

（1）故障描述　一台 C6140 型卧式车床在车削工件外圆时，刀架不能快速移动，初步检查发现：照明灯、电源指示灯正常；主轴电动机和冷却泵电动机正常。

（2）检修程序

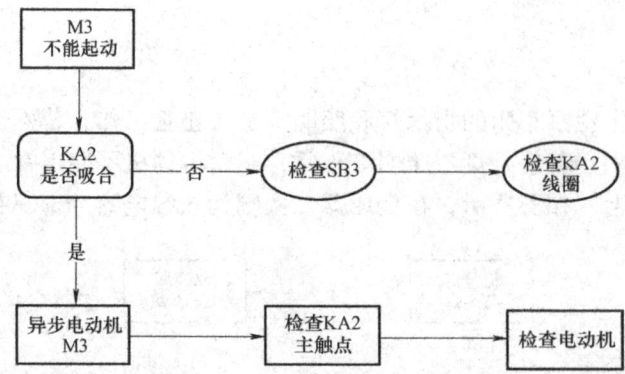

4.2　Z3050 型摇臂钻床电气控制系统

钻床是一种孔加工机床，可用来钻孔、扩孔、铰孔、攻螺纹及修刮端面等多种形式的加工。钻床的种类很多，有立式摇臂钻床、卧式钻床、深孔钻床、多钻头钻床、专用钻床之分。摇臂钻床与其他类型的钻床相比较，在操作上更加灵活、便捷，而且能够适应多种作业环境，尤其是针对大规模地对孔洞进行加工的工作，更是一般钻床所不能比拟的，是一般机械加工车间及维修车间常用的机床。

【结构特点】

  Z3050型摇臂钻床主要由底座、工作台、内外立柱、摇臂和主轴箱等组成。外立柱套在内立柱上，用液压夹紧机构夹紧后，两者不能作相对运动；松开后，外立柱用手推动可绕内立柱作360°旋转。摇臂一端为套筒，套在外立柱上，与外立柱用液压夹紧机构夹紧后，可随外立柱一起绕内立柱转动；夹紧机构松开后，可通过丝杆沿外立柱升降。主轴箱坐落在摇臂的燕尾槽内，可随摇臂运动。主轴箱设有液压夹紧机构与摇臂夹紧，松开后，可沿摇臂导轨水平运动。主轴装在主轴箱内，可手动或机动进出主轴箱，刀具装在主轴中。

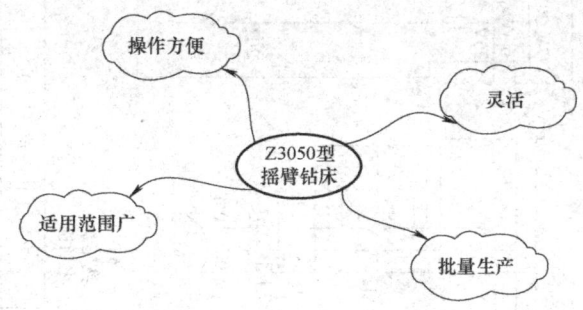

【电气控制要求】

  1）由于主轴正、反转是由正反转摩擦离合器来实现的，因此只要求主轴电动机单方向旋转。

  2）摇臂的垂直移动是通过摇臂升降电动机的正、反转实现的，因此要求摇臂升降电动机能双向起动。同时为了设备的安全，应具有上、下的极限保护。

  3）主轴箱、摇臂、内外立柱的夹紧通过液压驱动实现，故要求液压泵电动机双向起动。

  4）冷却泵电动机只要求单向起动。

  5）为保证操作安全，控制电路的电源电压为127V。

  6）摇臂只有在放松状态下才能进行垂直移动，故应有联锁，并应有夹紧、放松指示。

[Z3050型摇臂钻床电气控制线路原理图]

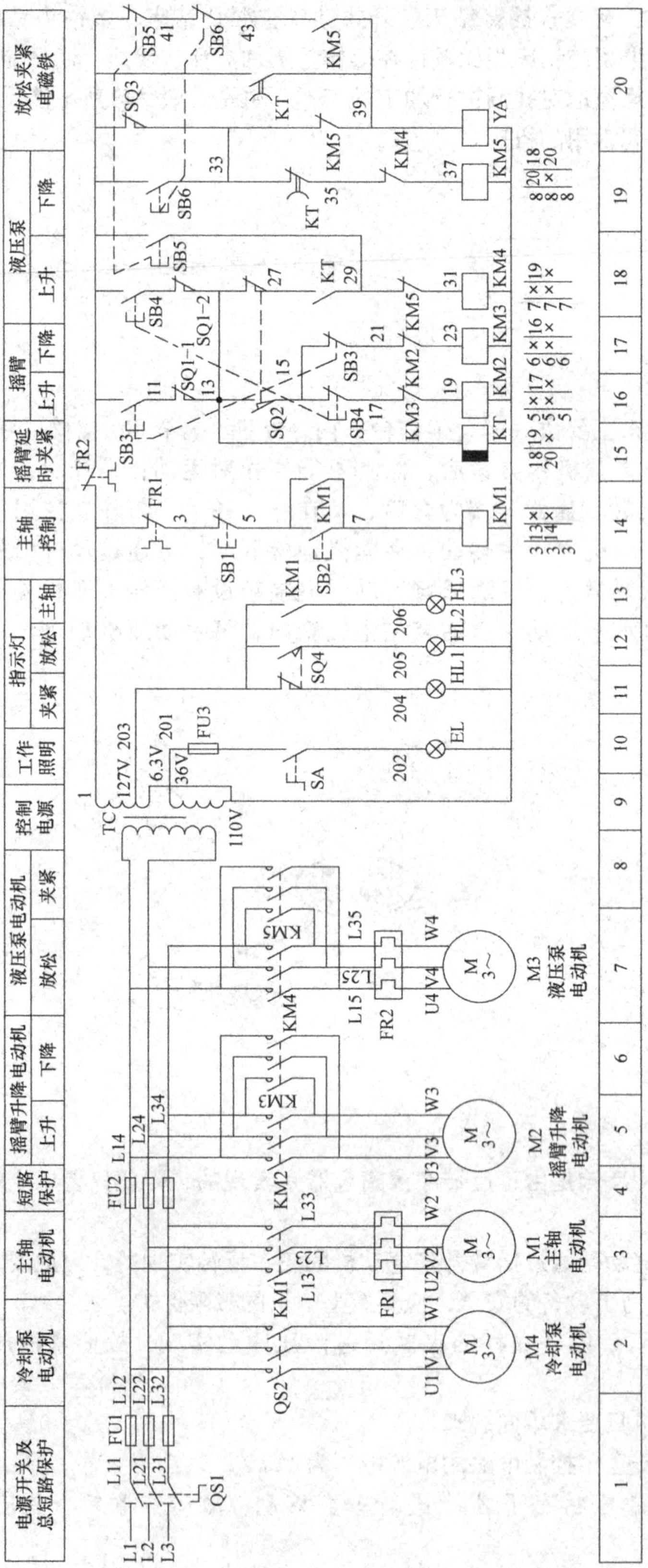

【电源电路识图】

机床采用380V，50Hz三相交流电源供电，并有保护接地措施，组合开关QS1为机床总电源开关。控制、照明和指示电路均由控制变压器TC降压后供电。

【主电路识图】

主电路由四台电动机组成。其中M1为主轴电动机，只能单向控制；M2为摇臂升降电动机；M3为液压泵电动机；M4为冷却泵电动机。电路中QS1为电源总开关；FU1为总熔断器，同时亦为M1、M4的短路保护；FU2为M2、M3和TC一次侧的短路保护；KM1控制主轴电动机M1的运转和停止；KM2、KM3分别为摇臂升降电动机M2的正、反转控制接触器；KM4、KM5为液压泵电动机M3的正、反转控制接触器；冷却泵电动机M4则用手动开关QS2进行控制。热继电器FR1、FR2分别为M1、M3的过载保护。M2由于是短时运行及M4为手动控制，则不设过载保护。

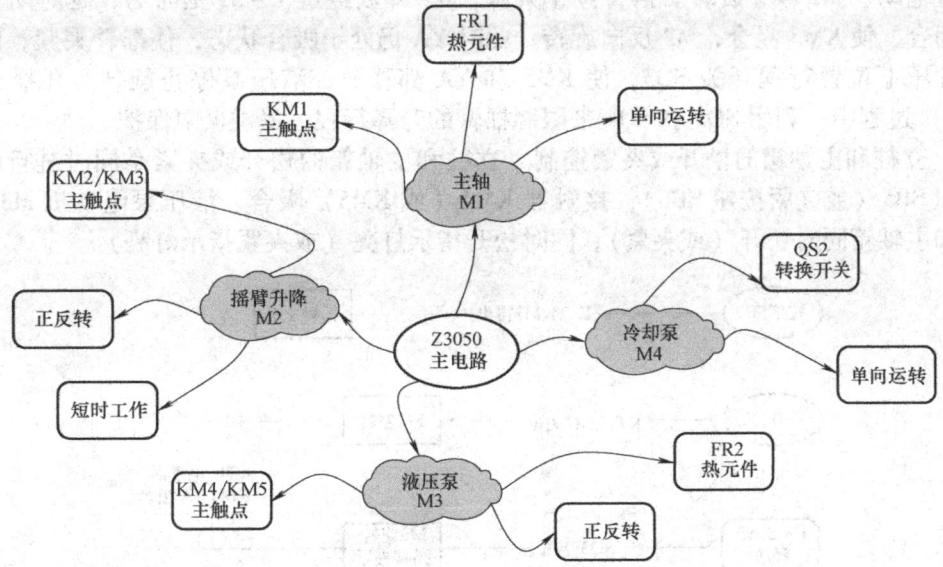

【控制电路识图】

（1）主轴电动机的控制　合上电源开关QS1，按下起动按钮SB2，接触器KM1吸合并自锁，主轴电动机M1起动，同时主轴旋转指示灯HL3亮。停车时，按下停止按钮SB1，接触器KM1释放，M1停止旋转，主轴旋转指示灯HL3熄灭。

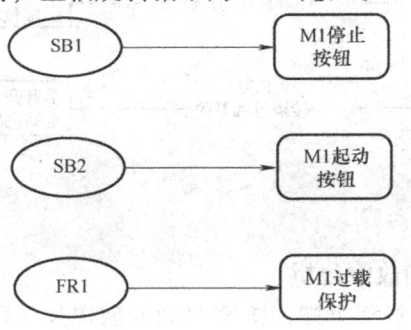

（2）摇臂升降控制　按下摇臂上升（或下降）按钮 SB3（或 SB4），时间继电器 KT 吸合，其瞬时动作的常开触点和延时断开的常开触点闭合，使电磁铁 YA 和接触器 KM4 同时吸合，液压泵电动机 M3 旋转，使摇臂松开。同时，通过弹簧片压位置行程开关 SQ2，KM4 释放，而使 KM2（或 KM3）吸合，M3 停止旋转，摇臂电动机 M2 正转（或反转），带动摇臂上升（或下降）。

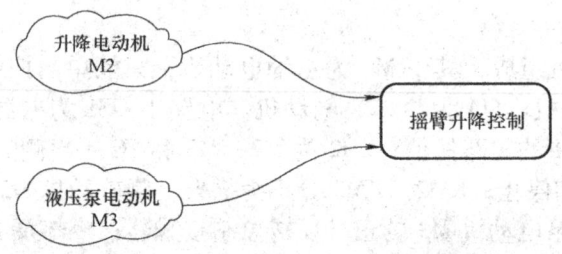

当摇臂上升（或下降）到所需位置时，松开 SB3（或 SB4），KM2（或 KM3）和 KT 释放，摇臂电动机 M2 停止旋转。摇臂停止升降，KT 释放经过 1～3s 延时后，延时闭合的常闭触点闭合，使 KM5 吸合，M3 反向旋转。此时 YA 仍处于吸合状态，使摇臂夹紧，同时通过弹簧片压下位置行程开关 SQ3，使 KM5 和 YA 都释放，液压泵停止旋转。在摇臂上升（或下降）过程中，利用 SQ1 和 SQ4 来限制摇臂的升降行程，提供极限保护。

（3）立柱和主轴箱的松开或夹紧控制　立柱和主轴箱的松开或夹紧是同时进行的。按松开按钮 SB5（或夹紧按钮 SB6），接触器 KM4（或 KM5）吸合，液压泵电动机 M3 旋转，使立柱和主轴箱同时松开（或夹紧），同时松开指示灯亮（或夹紧指示灯亮）。

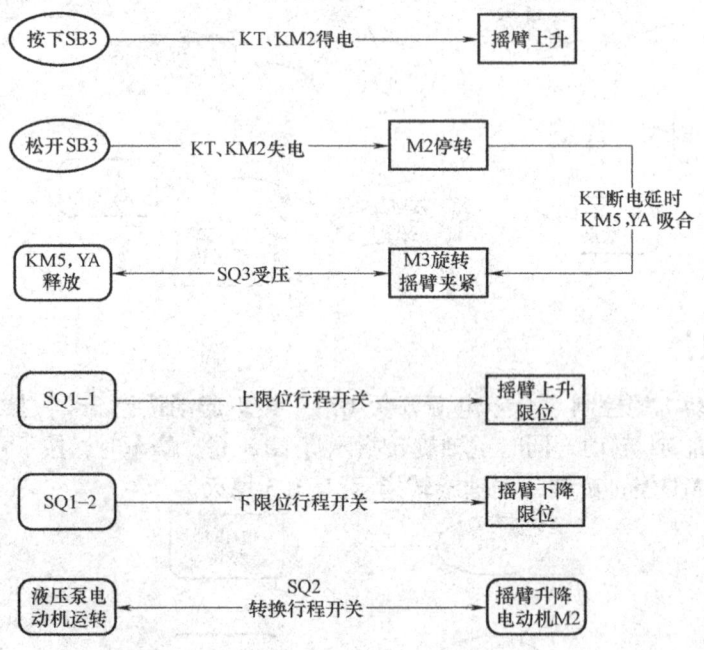

【电气故障分析】

1. 摇臂不能上升或下降的故障分析

由摇臂上升或下降的动作过程可知，摇臂移动的前提是摇臂完全松开，此时活塞杆通过弹簧片压下位置行程开关 SQ2，电动机 M3 停止运转，电动机 M2 起动运转，带动摇臂上升或下降。若 SQ2 的安装位置不当或发生偏移，这样摇臂虽然完全松开，但活塞杆仍压不下位置行程开关 SQ2，致使摇臂不能移动。

有时电动机 M1 的电源相序接反，此时按下摇臂上升或下降按钮，电动机 M3 反转，使摇臂夹紧，更压不上行程开关 SQ2，摇臂也不能上升或下降。

如果 SQ2 在摇臂松开后已动作，而摇臂不能上升或下降，就有可能是以下原因引起的：按钮 SB3、SB4 的常闭触点损坏或接线脱落；接触器 KM2、KM3 线圈损坏或接线脱落；KM2、KM3 的触点损坏或接线脱落；应根据具体情况逐项检查，直到故障排除。

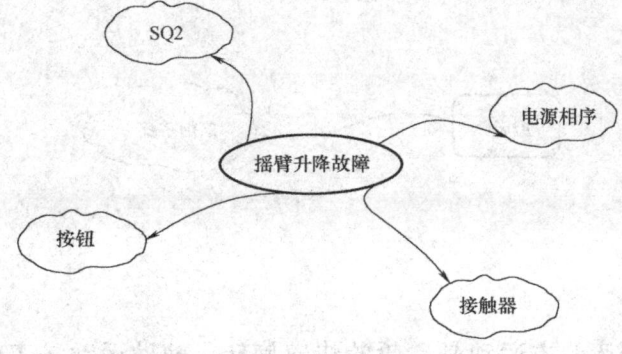

2. 摇臂移动后夹不紧的故障分析

摇臂夹紧动作的结束是由行程开关 SQ3 来控制的。若摇臂夹不紧，则说明摇臂控制电路能动作，只是夹紧力不够，是因为 SQ3 动作过早使液压泵电动机 M3 在摇臂还未充分夹紧时就停止旋转。这往往是由于 SQ3 安装位置不当或松动移位，过早地被活塞压下所致。

【检修案例】

（1）故障描述　一台 Z3050 型摇臂钻床准备进行钻孔加工，合闸后按下主轴电动机 M1 起动按钮，钻头没有反应。初步检查发现主轴电动机 M1 不能起动，但电源指示灯和照明灯均有指示，且其他电动机可以正常运转。

（2）检修程序

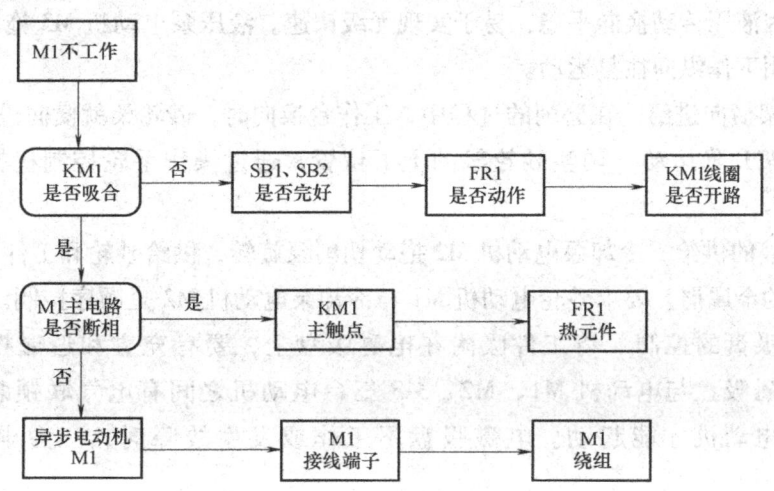

4.3 M7130型平面磨床电气控制系统

平面磨床是用砂轮磨削加工各种零件平面。M7130型平面磨床是平面磨床中使用较为普遍的一种机床，它的磨削精度高和表面较光洁，操作方便，适于磨削精密零件和各种工具，并可作镜面磨削。M7130型磨床由床身、工作台、电磁吸盘、砂轮箱、滑座和立柱等部分组成。它可以将工件吸牢在电磁台面上或直接固定于工作台上，用砂轮的周边进行磨削，钢、铸铁或有色金属等材料都可施行。

【运动特点】

M7130型平面磨床的主运动是砂轮的快速旋转，辅助运动是工作台的纵向往复运动以及砂轮架的横向和垂直进给运动。工作台每完成一次纵向往复运动，砂轮架横向进给一次，从而能连续地加工整个平面。当整个平面磨完一遍后，砂轮架在垂直于工作表面的方向移动一次，称为吃刀运动。通过吃刀运动，可将工件尺寸磨到所需的尺寸。

【电气控制要求】

(1) 砂轮旋转运动　砂轮电动机M1装在砂轮箱内，带动砂轮旋转，对工件进行磨削加工，由于砂轮的旋转一般不需要调速，所以用一台三相异步电动机拖动即可。

(2) 工作台往复运动　装在床身水平纵向导轨上的矩形工作台的往复运动，是由液压传动完成的，因液压传动换向平稳，易于实现无级调速。液压泵电动机M3拖动液压泵，工作台在液压作用下作纵向往复运动。

(3) 砂轮架横向进给　在磨削的过程中，工作台换向时，砂轮架就横向进给一次。

(4) 砂轮架升降运动　调整砂轮架的上下位置，通过操作手轮控制机械传动装置来实现。

(5) 切削液的供给　冷却泵电动机M2拖动切削泵旋转，供给砂轮和工件切削液，同时带走切削磨下的金属屑。要求砂轮电动机M1与冷却泵电动机M2是顺序控制。

(6) 电磁吸盘的控制　将工件吸附在电磁吸盘上，要有充磁和退磁控制环节。为保证安全，电磁吸盘与电动机M1、M2、M3三台电动机之间有电气联锁装置。即电磁吸盘吸合后，电动机才能起动。电磁吸盘不工作或发生故障时，三台电动机均不能起动。

【M7130 型平面磨床电气控制线路原理图】

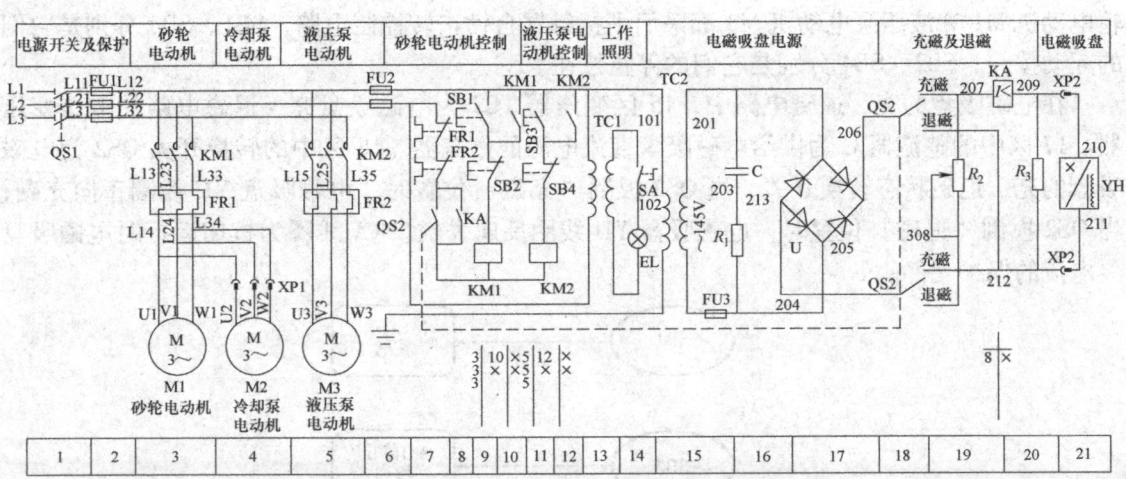

【主电路识图】

QS1 为电源开关。主电路中有三台电动机，M1 为砂轮电动机，M2 为冷却泵电动机，M3 为液压泵电动机，它们共用一组熔断器 FU1 作为短路保护。砂轮电动机 M1 用接触器 KM1 控制，用热继电器 FR1 进行过载保护；由于冷却泵箱和床身是分装的，所以冷却泵电动机 M2 通过接插器 XP1 和砂轮电动机 M1 的电源线相连，并和 M1 在主电路实现顺序控制。冷却泵电动机的功率较小，没有单独设置过载保护；液压泵电动机 M3 由接触器 KM2 控制，由热继电器 FR2 作过载保护。

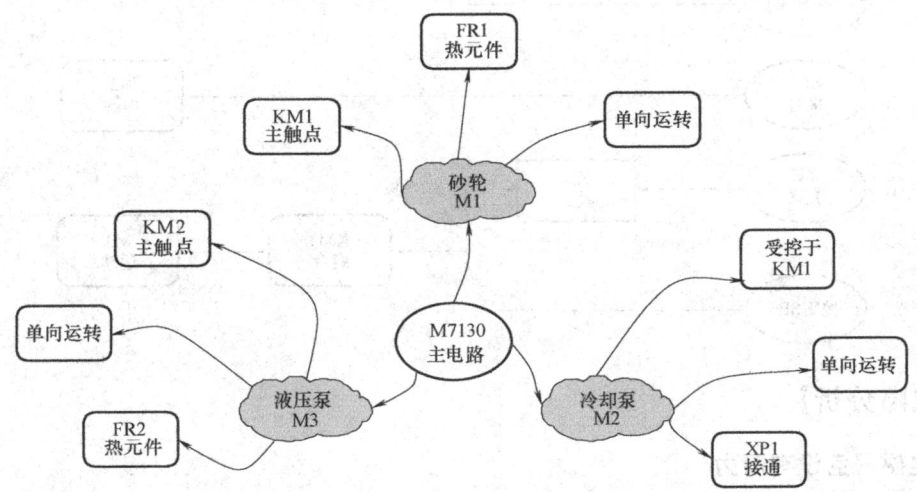

【控制电路识图】

控制电路采用交流 380V 电压供电，由熔断器 FU2 作短路保护。

在电动机的控制电路中，串接着转换开关 QS2 的常开触头（7 区）和欠电流继电器 KA 的常开触头（8 区），因此，三台电动机起动的必要条件是使 QS2 或 KA 的常开触点闭合，欠电流继电器 KA 的线圈串接在电磁吸盘 YH 的工作回路中，所以当电磁吸盘的电工作时，欠电流继电器 KA 线圈得电吸合，接通砂轮电动机 M1 和液压泵电动机 M3 的控制电路，这样就保证了工件在被 YH 吸住的情况下，砂轮和工作台才能进行磨削加工，保证了安全。砂轮电动机 M1 和液压泵电动机 M3 都采用了接触器自锁正转控制电路，SB1、SB3 分别是它们的起动按钮，SB2、SB4 分别是它们的停止按钮。

在电磁吸盘的充、退磁电路中，15 区变压器 TC2 为电磁吸盘充、退磁电路的电源变压器。17 区中的整流器 U 为供给电磁吸盘直流电源的整流器。18 区中的转换开关 QS2 为电磁吸盘的充、退磁状态转换开关，当 QS2 扳倒"充磁"位置时，电磁吸盘 YH 线圈正向充磁；当 QS2 扳倒"退磁"位置时，电磁吸盘 YH 线圈反向去磁。KA 线圈为机床运行时电磁吸盘欠电流的保护元件。

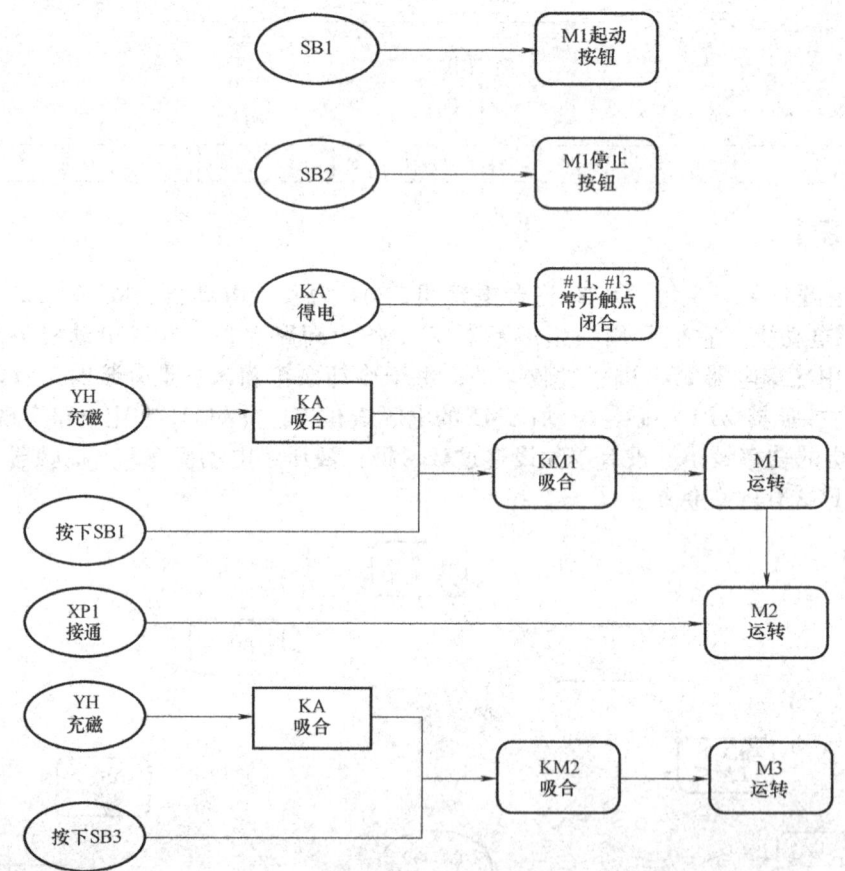

【电气故障分析】

1. 电磁吸盘没有吸力

1）熔断器 FU1 的 L2、L3 相，FU2 或 FU3 熔丝烧断，应更换熔丝。

2）变压器 TC2 线圈烧坏，应更换变压器线圈。

3）插头插座 XP2 接触不良，应进行修理。

4）桥式整流装置两个相邻的二极管都烧成短路或断路，应更换整流二极管。

5）欠电流继电器 KA 的线圈断开，应进行修理或更换。

6）电磁吸盘线圈断开，应进行修复。

2. 电磁吸盘吸力不足

1) 电磁吸盘的线圈局部短路。这是由于电磁吸盘没有密封好,冷却液流入,引起绝缘损坏。这时表现为空载时整流电压较高而接电磁吸盘时电压下降较多(低于110V),应更换电磁吸盘线圈。

2) 变压器 TC2 的二次绕组局部短路,导致输出电压下降,应更换变压器线圈。

3) 桥式整流装置中器件损坏。如果一个二极管断路,则整流输出电压为正常值的 1/2,应更换整流二极管。

3. 电磁吸盘退磁后工件仍很难取下

1) 退磁电路开路,结果工件没有退磁。

2) 退磁电压过高,应调整分压电阻 $R2$,使退磁电压为 5~10V。

3) 退磁时间太长或太短。不同材料的工件,所需退磁时间不同,应掌握好退磁时间。

【检修案例】

(1) 故障描述 一台 M7130 型平面磨床准备进行平面加工,合闸后按下起动按钮 SB1 或 SB3,所有电动机都不能起动。

(2) 检修程序

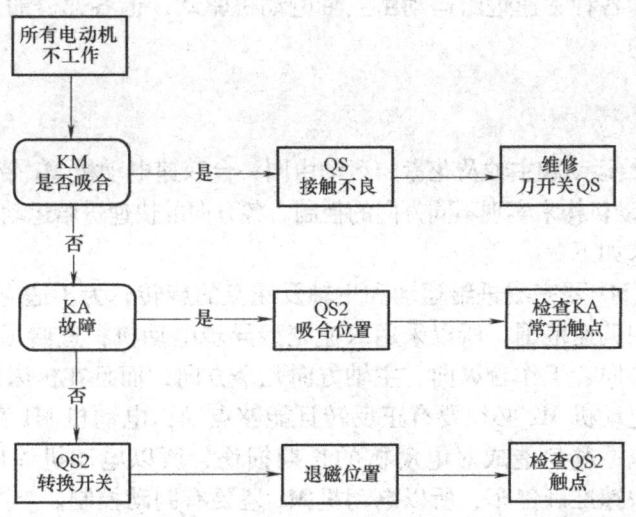

4.4 T68 型卧式镗床电气控制系统

镗床是大型箱体零件加工的主要设备,主要用镗刀对工件已有的预制孔进行镗削加工的机床,一般镗刀旋转为主运动,镗刀或工件的移动为进给运动,用于螺纹及加工外圆和端面等。镗床是冷加工中使用比较普遍的设备,有卧式镗床、坐标镗床、金刚镗床等。

T68 型卧式镗床具有通用和万能性,适应加工精度较高,或孔距要求较精确的中小型零件,可以镗孔、钻孔、扩孔、铰孔和铣削平面,以及车内螺纹等。平盘滑块能作径向进给,可以加工较大尺寸的孔和平面,在平旋盘上安装端面铣刀,可以铣削大平面,加工精度和表面质量要高于钻床。

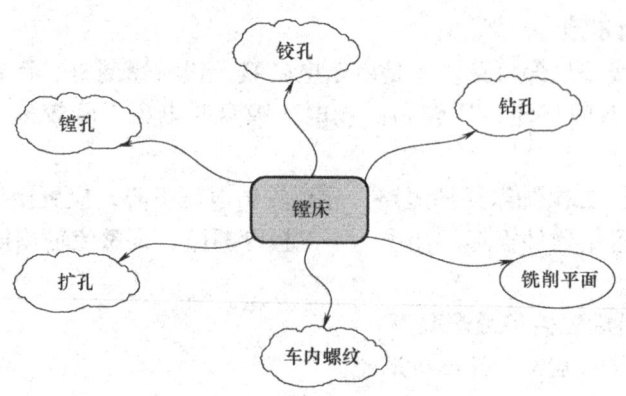

【运动方式】

T68 型卧式镗床的运动形式有：

（1）镗床主运动　镗杆（主轴）旋转或平旋盘（花盘）旋转。

（2）进给运动　主轴轴向（进、出）移动、主轴箱（镗头架）的垂直（上、下）移动、花盘刀具溜板的径向移动、工作台的纵向（前、后）和横向（左、右）移动。

（3）辅助运动　有工作台的旋转运动、后立柱的水平移动和尾架垂直移动。

注意：主运动和各种常速进给运动由主轴电动机驱动，但各部分的快速进给运动是由快速进给电动机驱动的。

【电气控制要求】

T68 型镗床的进给运动和主轴及花盘的运动由同一台双速电动机 M1 带动，通过相应手柄操作分别选择不同的传动机构来实现不同方向的控制。各方向的快速进给运动由 M2 电动机来实现。

其电气控制要求如下：

1）主轴电动机 M1 要完成进给运动和主轴及花盘的旋转，为了适应各种加工工艺要求，主轴要求有比较宽的调速范围，所以采用双速笼型异步电动机；进给运动有主轴垂直方向、花盘径向、工作台横向、工作台纵向、主轴方向几个方向，而且在机床加工过程中还需要及时调整，所以主轴电动机 M1 必须要有正反转且能够点动；电动机 M1 高速运行必须由低速起动，减小起动电流，避免造成对电动机的长期损伤，所以电动机 M1 必须有高低两种速度；由于主轴要求快速准确停车，所以电动机 M1 还要有制动控制。

2）快速移动电动机 M2，能够提供完成各个方向的进给运动快速移动，由于每个方向都要能够快速移动，所以电动机 M2 也要有正反转控制。

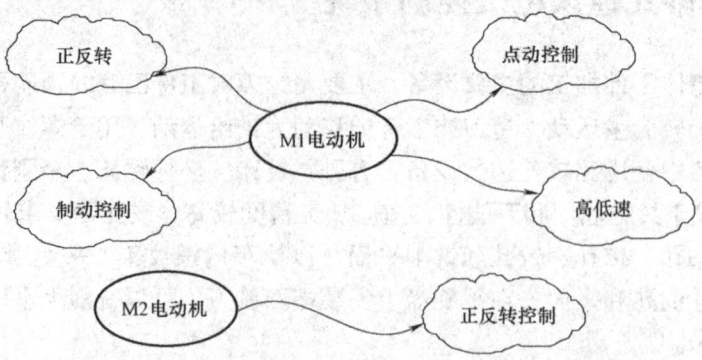

【T68 型卧式镗床电气控制线路原理图】

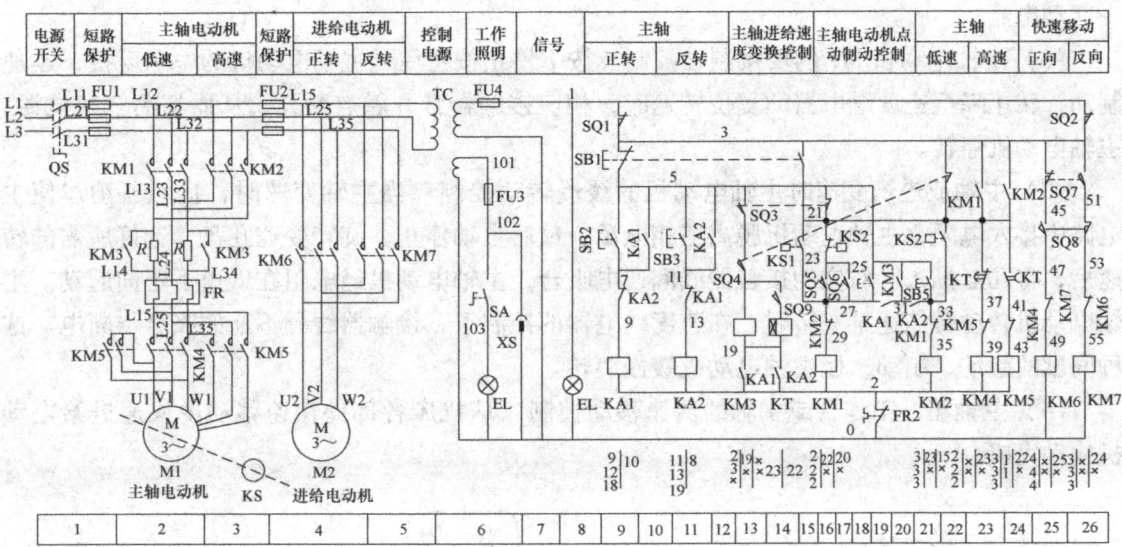

【主电路识图】

（1）主轴电动机 M1　接触器 KM1、KM2 用于主轴电动机 M1 的正、反转控制，KM3 用于短接电阻 R，KM4、KM5 用于高速 YY 联结。

（2）进给电动机 M2　接触器 KM6、KM7 用于主轴进给和工作台进给的正、反转控制。

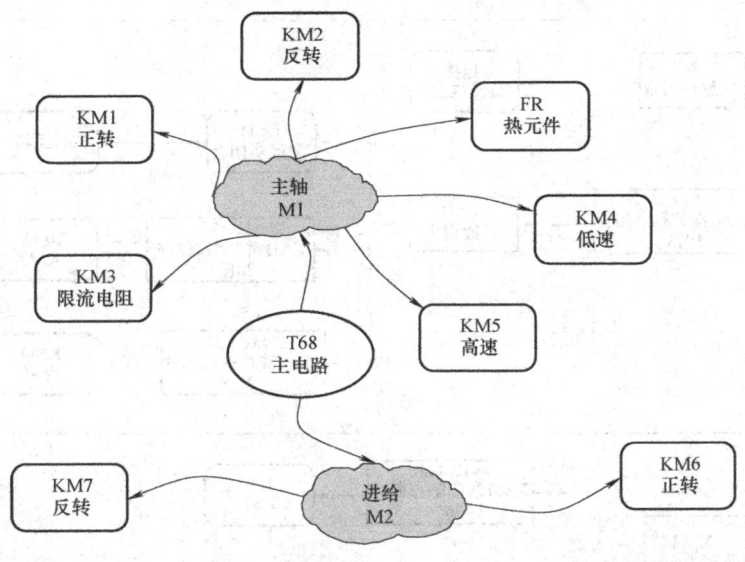

【控制电路识图】

电气控制主要包括主轴电动机 M1 的起动运行控制、反接制动控制，主轴或进给变速时主轴电动机 M1 的缓慢转动控制，主轴箱、工作台或主轴的快速移动控制。

（1）主轴电动机 M1 的起动运行控制　电动机 M1 采用全压、三角形联结低速起动；高速运行时，由控制电路先起动到低速，延时后定子绕组接成双星形，自动转换到高速，以减少起动电流。

（2）主轴电动机 M1 的反接制动控制　按下停止按钮后，主轴电动机的电源反接，迅速制动，转速降至速度继电器的复位转速时，相应接触器常开触点断开，从而切断三相电源，主轴电动机停转。

（3）主轴或进给变速时主轴电动机的缓慢转动控制　当主轴变速时，接触器动作使主电路中接入电阻，主轴电动机脱离三相电源，最后自动停止。旋转变速孔盘，选好所需的转速后，将孔盘推入。对应的接触器线圈通电吸合，主轴电动机经电阻在低速下正向起动。主轴电动机转动转速达某一转时，在速度继电器的控制下，接触器线圈不断的吸合与断电。这种间歇的起动、制动，使主轴电动机缓慢旋转。

（4）主轴箱、工作台或主轴的快速移动控制　该机床各部件快速移动由快速进给电动机拖动完成。

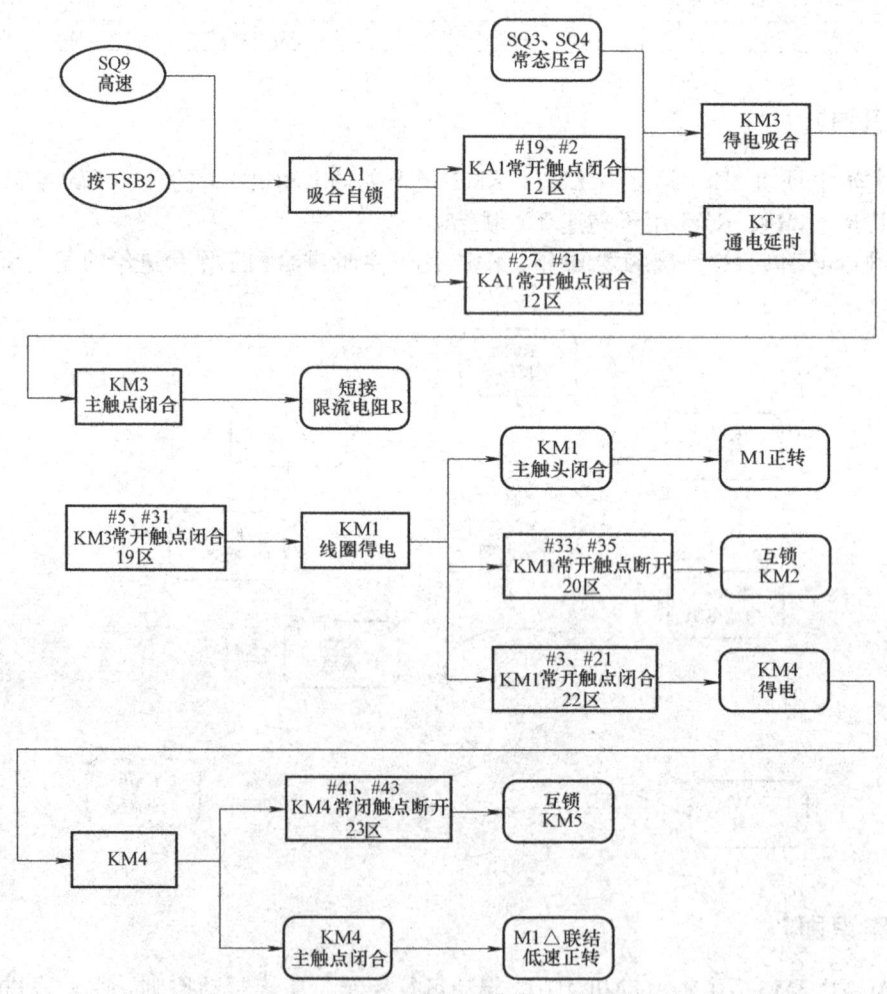

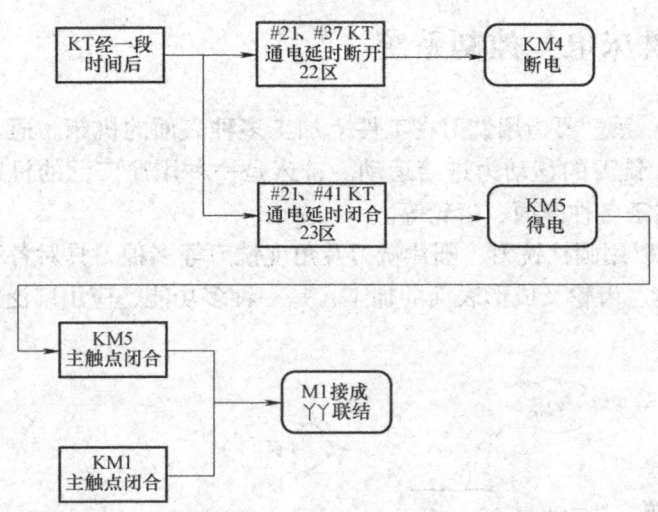

【电气故障分析】

1) 主轴电动机 M1 只有低速档而无高速档。此故障多为时间继电器 KT 不动作所致，可检查 KT 控制电路，看 KT 线圈是否通电吸合，若已吸合再检查 KT 延时触点动作是否正确及接线是否正确。

2) 主轴旋转时实际转速要比主轴变速盘上指示的转速成倍提高或下降。主轴电动机 M1 的变速是采用电气机械联合变速。主轴电动机 M1 高、低速是由高低速行程开关 SQ 来控制的，低速时 SQ 不受压，高速时 SQ 压下。在安装时，应使 SQ 的动作与变速指示盘上的转速相对应，若 SQ 的动作恰恰相反，就会出现主轴实际转速比变速盘指示转速成倍提高或下降的情况。

【检修案例】

（1）故障描述　一台 T68 型镗床，原来运行良好，后来将主轴电动机 M1 拆下，只进行了清洗及轴承加油等维护处理。重新装机，机床空载试车，置高速档，起动后只几秒钟，就发生主电路熔断器熔断。经仔细检查，电动机及线路一切正常，未发现问题。

（2）分析思路

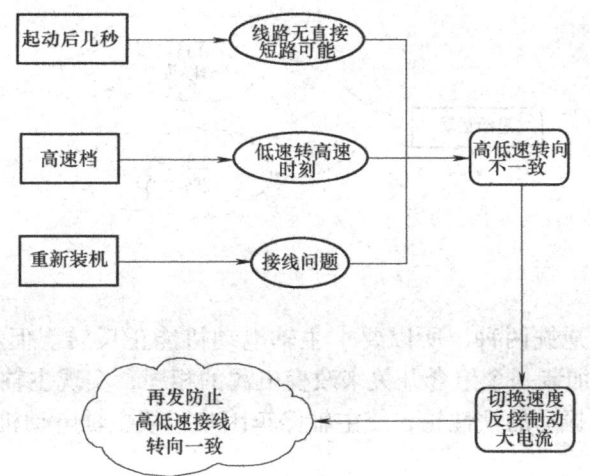

4.5　X62W型万能铣床电气控制系统

铣床（milling machine）系主要指用铣刀在工件上加工多种表面的机床。通常铣刀旋转运动为主运动，工件（和）铣刀的移动为进给运动。铣床是一种用途广泛的机床，它可以加工平面、沟槽，也可以加工各种曲面、齿轮等。

X62W型万能铣床，可以用圆柱铣刀、圆片铣刀及角度铣刀等多种刀具对各种零件进行平面、斜面、螺旋面、沟槽、齿轮及成形表面的加工，是一种多功能、应用广泛的金属铣削机床。

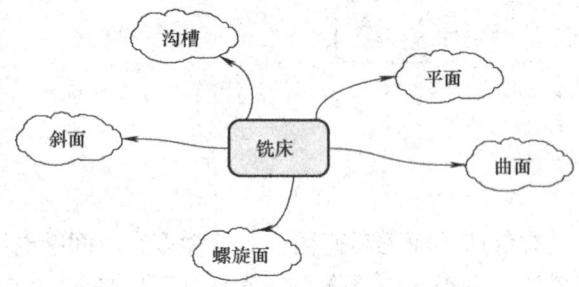

【运动方式】

（1）主运动　X62W型万能铣床的主运动是主轴带动铣刀的旋转运动。由主轴电动机通过弹性联轴器来驱动传动机构，当机构中的一个双联滑动齿轮块与齿轮啮合时，主轴即可旋转。

（2）进给运行　进给运动是指工件随工作台在前后、左右和上下六个方向上的运动以及椭圆形工作台的旋转运动。工作台面的移动是由进给电动机驱动，它通过机械机构使工作台能进行三种形式六个方向的移动。

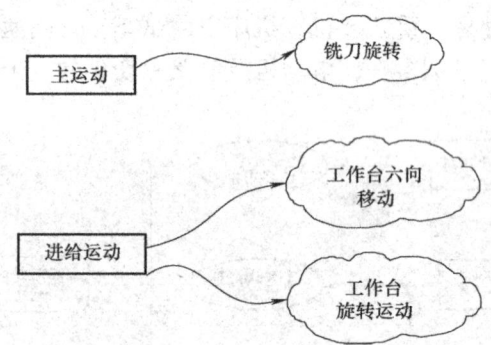

【电气控制要求】

铣削加工有顺铣、逆铣两种，所以要求主轴电动机能正反转。但考虑到正反转并不频繁，所以在铣床床身下加装一个组合开关来改变电源的相序，实现主轴电动机的正反转。主轴传动系统中装有避免振动的惯性轮，使主轴停车困难，故主轴电动机采用电磁离合器来制动以实现主轴精准停车。

铣床的工作台有6个自由度，即前后、左右、上下6个方向的直线或旋转运动，进给电动机也必须要保证可以实现正反转，且通过手柄和离合器相互配合来实现。进给的快速定位是通过电磁铁和机械挂档来完成的。机床也可以加装圆形工作台来提高其加工能力。

由于加工工艺的要求，机床已具有以下几种联锁措施：

1）为防止刀具和铣床的损坏，要求只有主轴停转后才允许进给运动在进给方向的快速移动。

2）为了减小工件的表面粗糙度，只有进给停止后主轴才能停止或同时停止。

3）6个方向上的进给运动同时只能有一种运动产生，采用机械操作手柄和位置行程开关相配合方式。

4）主轴运动和进给运动采用变速盘来进行速度选择。

5）当主轴电动机或冷却泵电动机过载时，进给运动必须立即停止，以免损坏刀具和机床。

6）要有冷却系统、照明设备及各种保护措施。

【X62W 型万能铣床电气控制线路原理图】

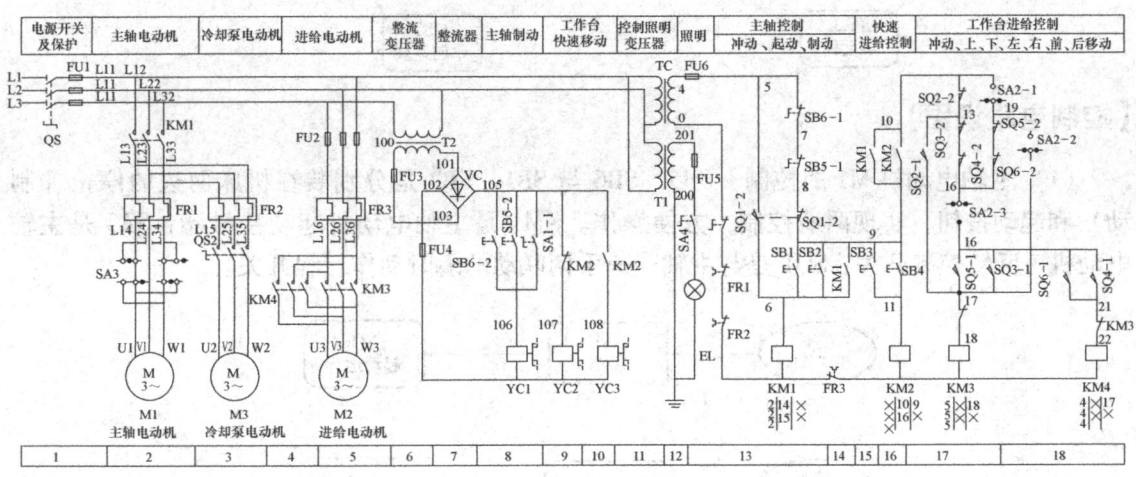

【主电路识图】

主电路有三台电动机，M1 是主轴电动机，它拖动主轴带动铣刀进行铣削加工；M2 是进给电动机，它拖动升降台及工作台进给；M3 是冷却泵电动机，供应冷却液。

（1）主轴电动机 M1　它通过换相开关 SA3 与接触器 KM1 配合，能进行正反转控制，此外如果增加与接触器 KM2、制动电阻器 R 及速度继电器的配合，就能实现串电阻瞬时起动和正反转反接制动控制，并能通过机械进行变速。

（2）进给电动机 M2　它能进行正反转控制，通过接触器 KM3、KM4 与行程开关、牵引电磁铁 YC 配合，能实现进给变速时的瞬时起动、六个方向的常速进给与快速进给控制。

（3）冷却泵电动机 M3　它只能正转，通过接触器 KM1、控制开关 QS2 来控制。

（4）安全保护电路　电路中 FU1 做机床总短路保护，也兼作 M1 的短路保护；FU2 作

M2、M3 及控制照明变压器一次侧的短路保护；热继电器 FR1、FR2、FR3 分别作为 M1、M2、M3 的过载保护。

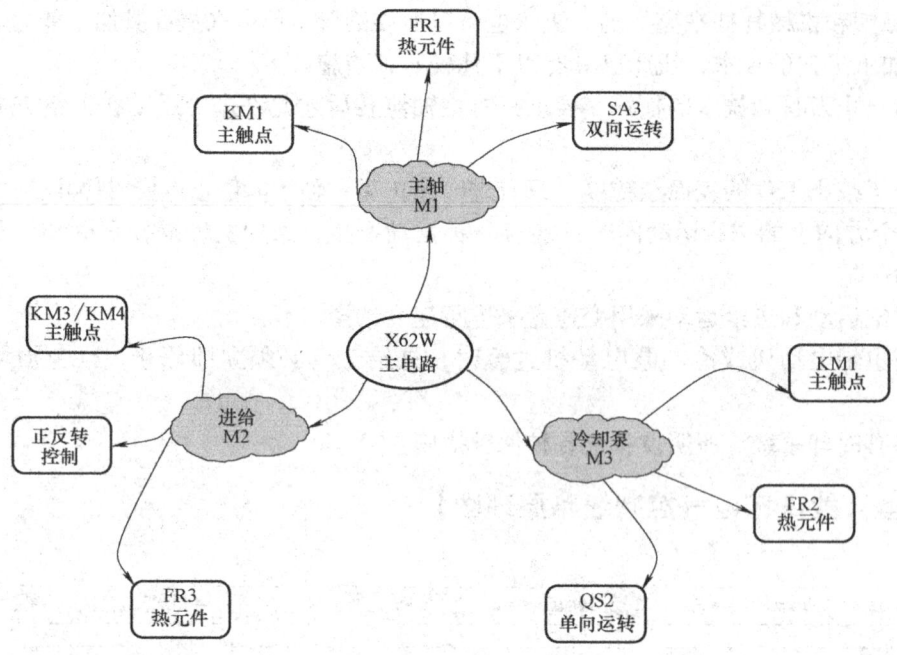

【控制电路识图】

（1）主轴电动机 M1 的控制　SB5、SB6 与 SB1、SB2 是分别装在机床两边的停止（制动）和起动按钮，实现两地控制，方便操作。KM1 是主轴电动机起动接触器；SA3 是主轴电动机正反转控制开关；SQ1 是与主轴变速手柄联动的瞬时动作行程开关。

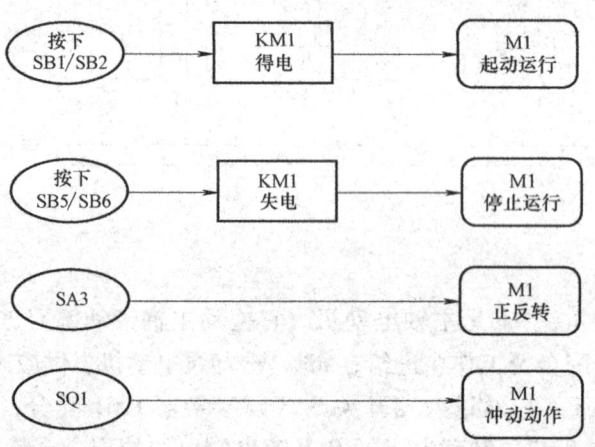

（2）工作台进给电动机 M2 的控制　工作台的纵向、横向和垂直运动都由进给电动机 M2 驱动的，接触器 KM3 和 KM4 使 M2 实现正反转，用以改变进给运动方向。它的控制电路采用了与纵向运动机械做手柄运动的行程开关 SQ5、SQ6 和横向及垂直运动机械做手柄联动的行程开关 SQ3、SQ4，相互组成复合联锁控制，即在选择三种运动形式的六个方向移动时，只能进行一个方向的移动，以确保操作安全。

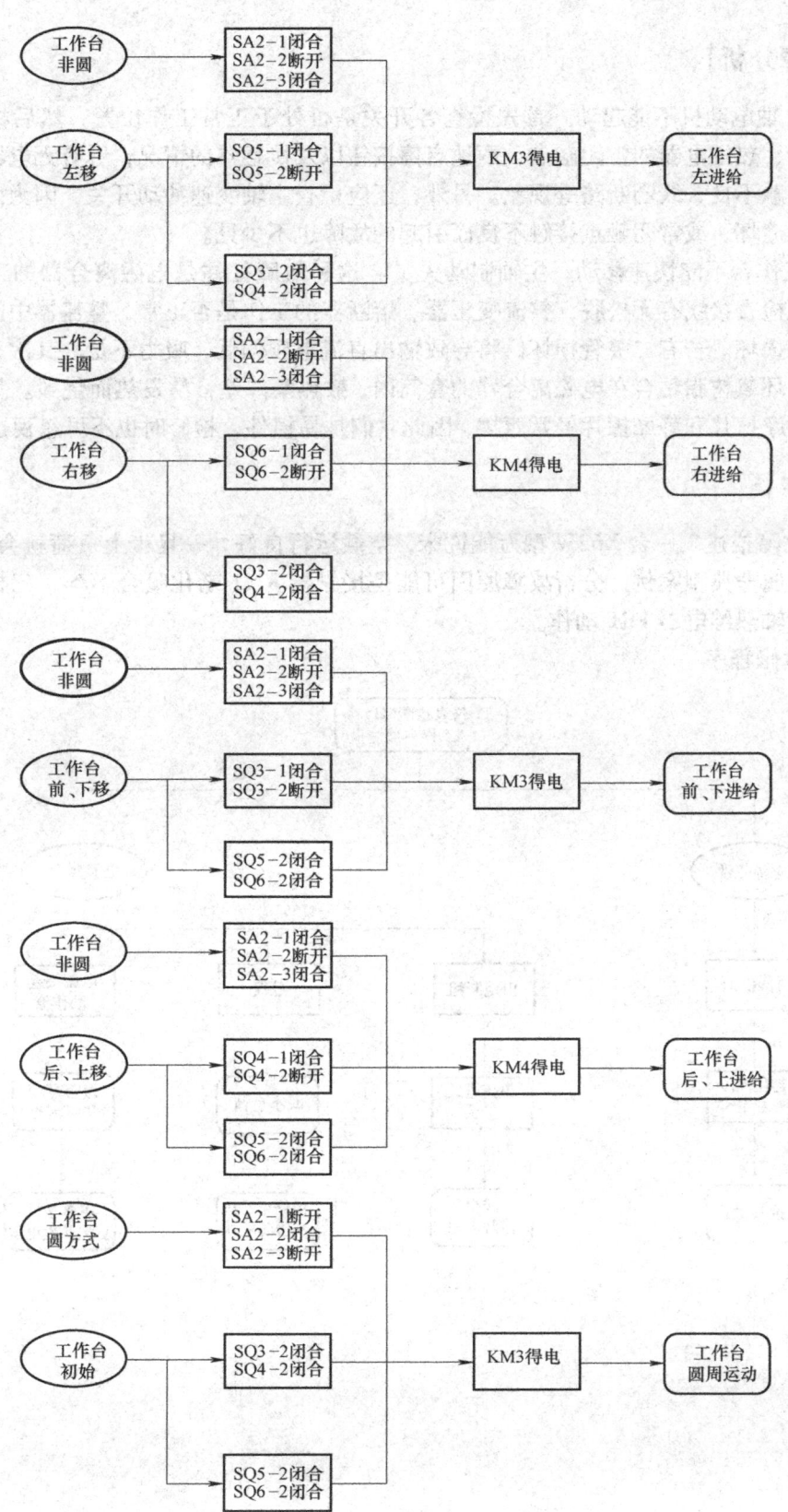

【电气故障分析】

（1）主轴电动机不能起动　首先检查各开关是否处于正常工作位置，然后检查三相电源、熔断器、热继电器的常闭触点，两地启停按钮以及接触器的情况，看有无电器损坏、接线脱落、接触不良、线圈断路等现象。另外，还应检查主轴变速冲动开关，因为由于开关位置移动甚至撞坏，或常闭触点接触不良而引起的故障也不少见。

（2）工作台不能快速移动，主轴制动失灵　这种故障往往是电磁离合器的工作不正常所致。首先检查接线有无松脱，整流变压器、熔断器的工作是否正常，整流器中的4个整流二极管是否损坏。若有二极管损坏，将导致输出直流电压偏低，吸力不足。其次，电磁离合器线圈是用环氧树脂粘合在电磁离合器的套筒内，散热条件差，易发热而烧毁。另外，由于离合器的动摩擦片和静摩擦片经常摩擦，因此它们是易损件，检修时也不可忽视这些问题。

【检修案例】

（1）故障描述　一台X62W型万能铣床，空载运行良好，一旦带上负荷就会自动停车。该故障类型属非典型案例，分析故障原因可能是接触器KM1老化吸合不牢，三相电源有隐性断相，主轴热继电器FR1动作。

（2）检修程序

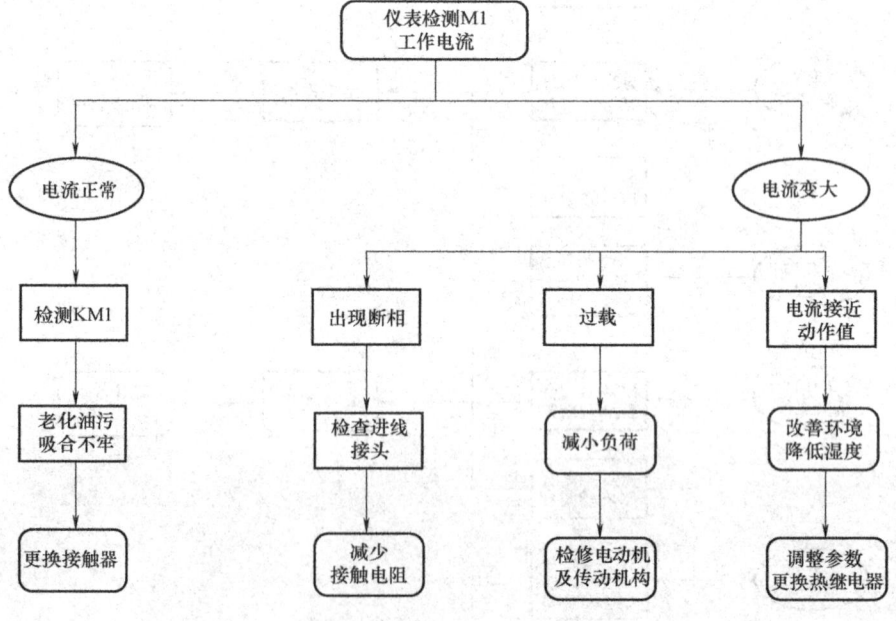

第5章

PLC与变频器控制机床电气控制线路图的识读

传统的继电器—接触器控制方式，使机床设备存在振动噪声大、接线复杂、维修工作量大等问题，随着工业自动化技术的发展，越来越多的机床设备采用PLC、变频器、触摸屏等自动化器件来控制，将PLC技术应用于旧设备技术改造中，可以将设备的功能、效率、柔性提高到一个新的水平，大大地改善了产品的加工质量，降低了设备的故障率，提高了生产效率，其经济效益也得到显著提升。

本章介绍了用PLC改造电动机控制电路的原因和具体方法，并以C6140型车床、T68型镗床、X62W型铣床技术改造为例，运用PLC模块、变频驱动技术、操纵监控设备等组成电气自动控制系统，以实现编程输入、人机交互、自动化加工的控制方式，扩大机床加工能力、减少故障发生、提高生产效率，已成为传统设备技术改造最有效的途径和趋势。建议读者阅读本章时，重点关注PLC系统设计思路、方法及系统整合联调。

5.1 PLC控制电动机电路

PLC是"Programmable Logic Controller（可编程序逻辑控制器）"的英文缩写，自1969年问世以来，逐渐成为使用最多、应用最广的工业控制器，它把继电器控制的优点与计算机的功能齐全、灵活性、通用性相结合，用计算机编程软件逻辑代替继电器接线逻辑的通用性自动控制设备，是在集成电路、计算机技术基础上发展起来的一种新型工业控制装置。

PLC设计靠软件来实现与一般继电器-接触器的电气控制电路设计基本相同，但运用PLC程序控制可以大大降低接线的复杂程度，修正梯形图无须改变现场布线，提高劳动生产效率、降低故障发生率、避免接触不良、软件接点数无限制且能重复使用，速度相比传统继电器控制技术快，一般速度在微秒量级，且在控制时不会出现抖动现象。更为突出的一个优点是运用PLC控制方式可以十分方便地对PLC内部工作状态和参数进行监控和修改。

本书PLC以三菱为例。

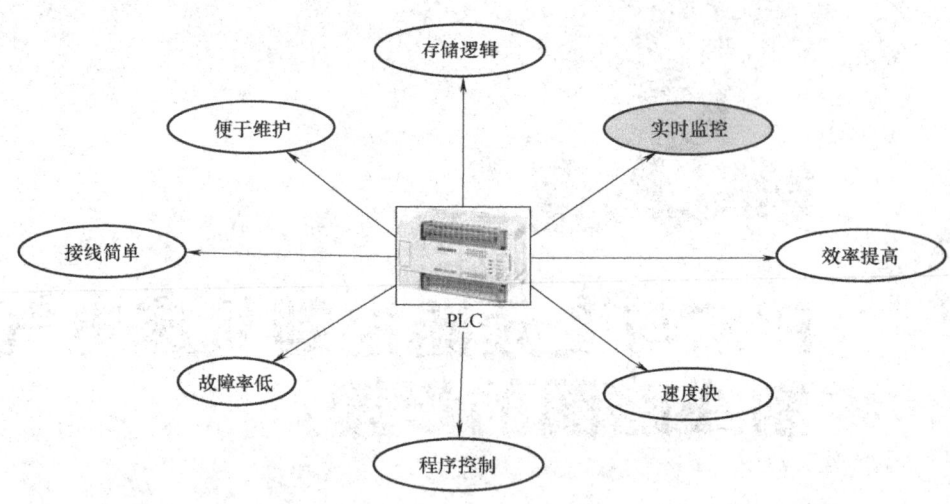

【场景介绍】

场景1：在1968年前，世界上所有的工业生产线都由继电器—接触器控制系统组成。终于美国通用汽车公司（GM）无法忍受因汽车款型频繁升级导致的生产线电路系统改造的复杂与艰难，提出了著名的新型控制器标准：编程简单、维护方便、可靠性高、体积小、数据信息处理、低成本、兼容性强、扩展方便、程序存储空间足够等，这直接导致了PLC的诞生。

场景2：在我国制造加工企业中存在大量陈旧设备，这些老旧设备问题不少：电气控制柜体积大、线路老化、线号丢失、图样不全甚至不符、效率低下、故障率高、故障查找困难等，如将设备直接报废从成本节约考量不合适，进行PLC技术改造将成为老旧设备升级最有效的方式。

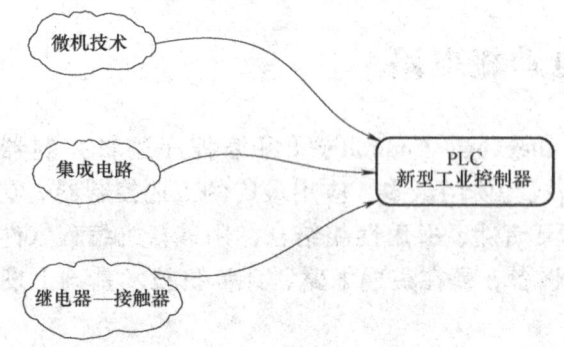

【基础知识】

1. PLC的选型

（1）机型选择　结构形式、安装方式、功能要求、响应速度、系统可靠性、机型统一。

（2）容量选择　I/O点数、用户程序存储容量。

（3）I/O模块的选择　开关量输入输出模块。

（4）电源模块及其他外设的选择　电源模块、编程器、写入器、人/机接口装置及其他。

2. PLC 的组成

PLC 主要由中央处理器（CPU）、存储器、输入单元、输出单元、通信接口、扩展接口及电源等组成。

3. PLC 的工作原理

PLC 用户程序的执行采用的是循环扫描工作方式，即 PLC 对用户程序逐条顺序执行，直至程序结束，然后再从头开始扫描，周而复始，直至停止执行用户程序。PLC 有两种基本的工作模式，即运行（RUN）模式和停止（STOP）模式。

4. 梯形图的特点

1）梯形图中，所有触点都应按从上到下，从左到右的顺序排列，并且触点只允许画在左水平方向（主控触点除外）。母线与线圈之间一定要有触点，而线圈与右母线之间不能存在任何触点。

2）每个继电器均为存储器中的一位，称为"软继电器"。存储器状态为"1"，表示该继电器得电，其常开触点闭合或常闭触点断开。

3）两端的母线并非实际电源的两端，而是"概念"电流，"概念"电流只能从左向右流动。

4）某个继电器线圈的编号只能出现一次，而继电器触点可以无限次使用，如果同一继电器线圈重复使用两次，PLC 将视其为语法错误。

5）前面每个继电器线圈为一个逻辑执行结果，并立刻被后面逻辑操作使用。

6）输入继电器没有线圈，只有触点，其他继电器既有线圈又有触点。

【案例介绍】

案例 1——用 PLC 实现三相异步电动机单向连续运行的控制

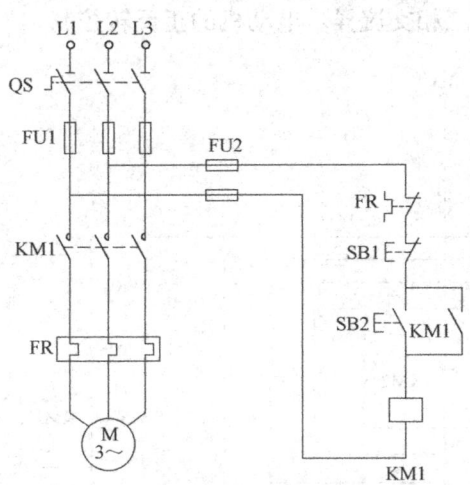

1. 分配输入点和输出点并画出 I/O 通道地址分配表

输入			输出		
元件代号	作用	输入继电器	元件代号	作用	输出继电器
SB1	停止按钮	X000	KM	正转控制	Y000
SB2	起动按钮	X001			

2. 画出 PLC 接线图（I/O 接线图）

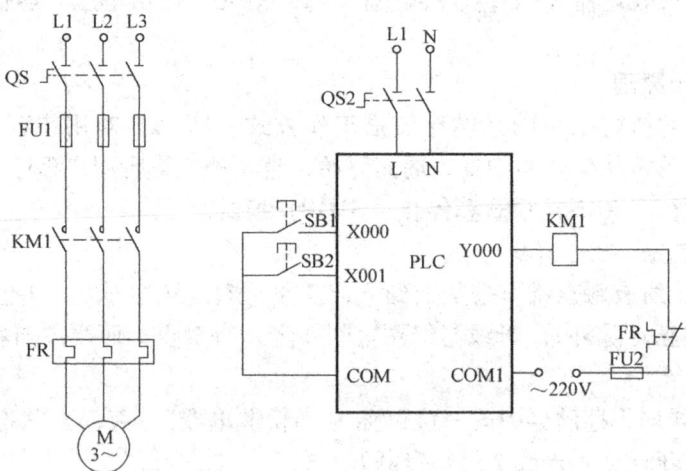

3. 程序设计

案例 2——用 PLC 实现三相交流异步电动机的正反转控制

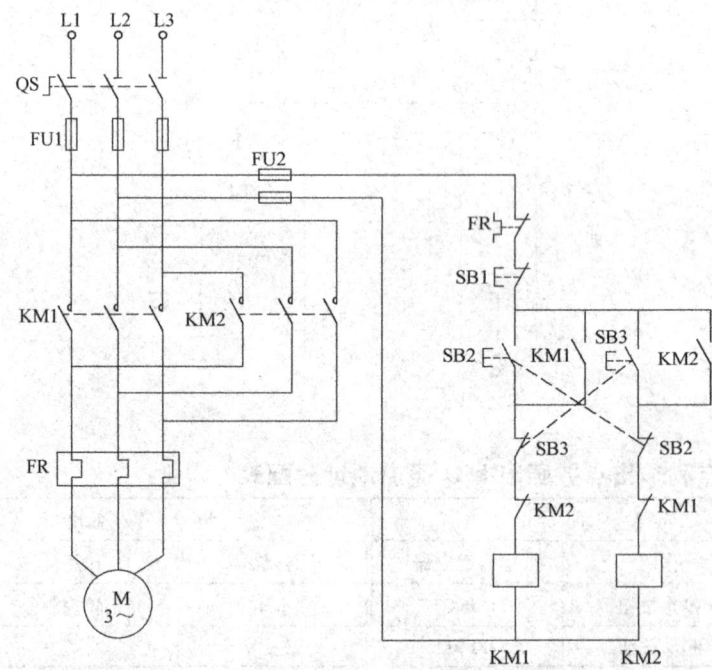

1. 分配输入点和输出点并画出 I/O 通道地址分配表

输入			输出		
元件代号	作用	输入继电器	元件代号	作用	输出继电器
SB1	停止按钮	X000	KM1	正转控制	Y000
SB2	正转按钮	X001	KM2	反转控制	Y001
SB3	反转按钮	X002			

2. 画出 PLC 接线图（I/O 接线图）

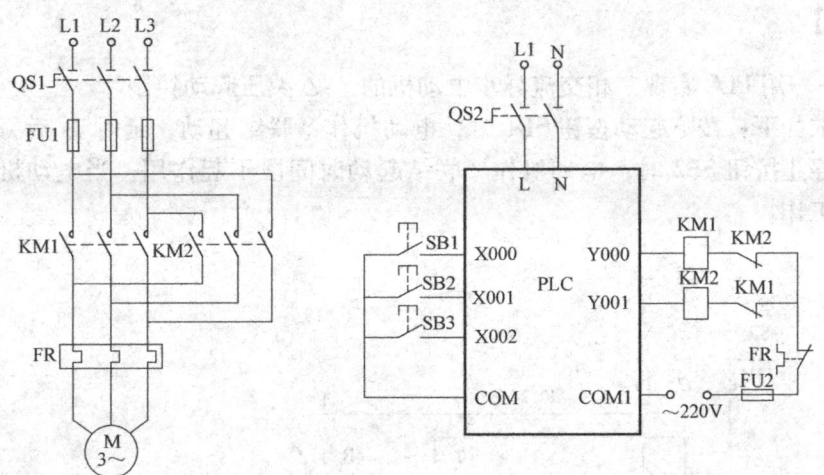

3. 程序设计

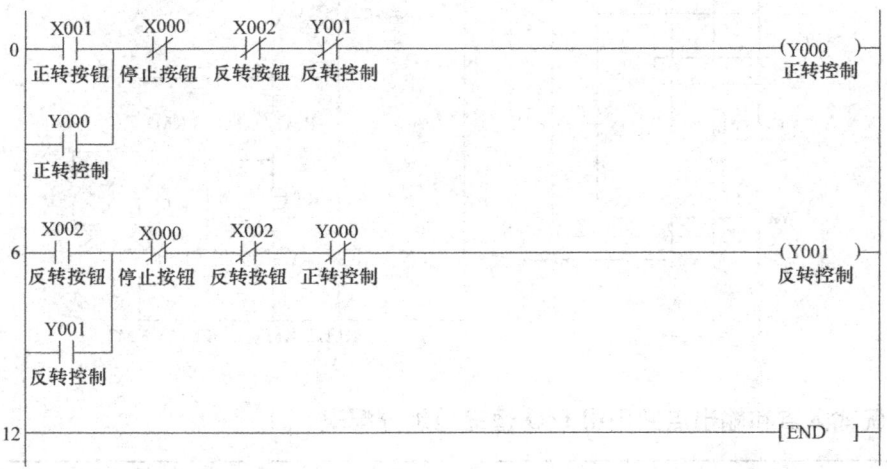

【技能进阶】

1）设计正反转控制 I/O 接线图时，不能遗漏接触器 KM1 和 KM2 的外部联锁。

分析：由于 PLC 的扫描周期和接触器的动作时间不匹配，只在梯形图中加入"软继电器"的互锁会造成 Y000 虽然断开，可能接触器 KM1 还未断开，在没有外部硬件联锁的情况下，接触器 KM2 会得电动作，主触点闭合，引起主电路电源相间短路；同理，当 KM1 或 KM2 任何一个接触器的主触点熔焊时，由于没有外部硬件的联锁，只在梯形图中加入"软继电器"的互锁会造成主电路电源相间短路。

2）编程元件——定时器 T 的使用。

PLC 中的定时器（T）相当于继电器—接触器控制系统中的通电延时型时间继电器。它是通过对一定周期的时钟脉冲进行计数实现定时的，时钟脉冲的周期有 1ms、10ms 和 100ms 三种，当所计脉冲个数达到设定值时触点动作。PLC 中的定时器可以提供无限对常开常闭延时触点。定时器的设定值可用常数 K 或数据寄存器 D 来设置。

【案例介绍】

案例 3——用 PLC 实现三相交流异步电动机的丫-△减压起动控制

控制要求如下：按下起动按钮 SB1 时，电动机作丫联结起动，延时 7s 后，转为△联结运行；按下停止按钮 SB2 时，电动机作丫联结起动时间段不起作用；当电动机△联结运行时，则停止工作。

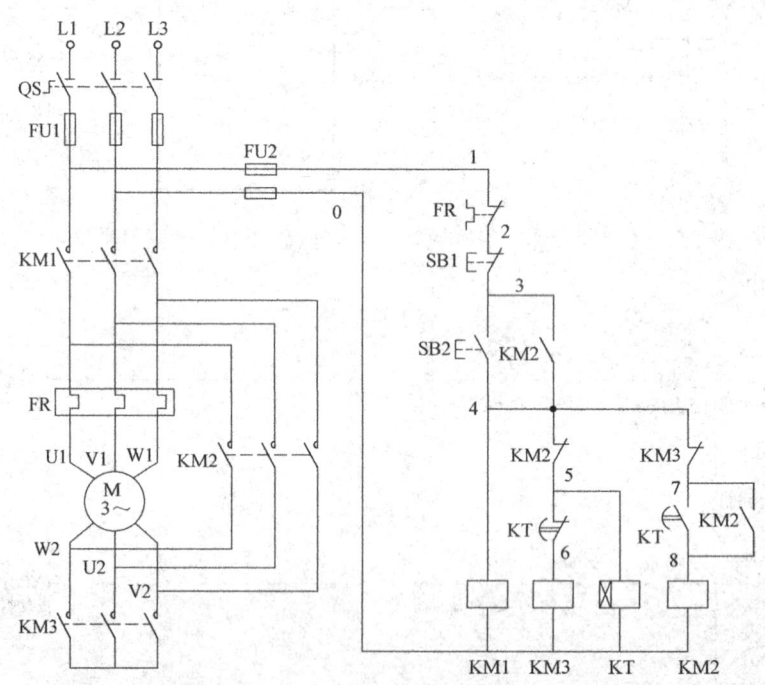

1. 分配输入点和输出点并画出 I/O 通道地址分配表

输入			输出		
元件代号	作用	输入继电器	元件代号	作用	输出继电器
SB1	停止按钮	X000	KM1	电源控制	Y000
SB2	起动按钮	X001	KM2	三角形控制	Y001
			KM3	星形控制	Y002

2. 画出 PLC 接线图（I/O 接线图）

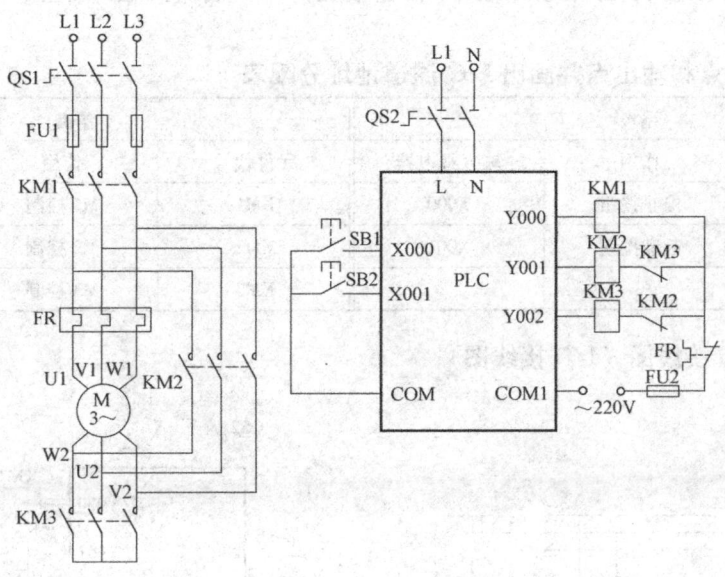

3. 程序设计

```
     X001   X000                                              (Y000)
0 ───┤├─────┤/├─────────────────────────────────────────────  电源控制
     起动按钮 停止按钮
     Y000   Y001
     ├─┤├───┤/├─┤
     电源控制 三角形控制

     Y000   Y001    T1                                        (Y002)
6 ───┤├─────┤/├─────┤/├──────────────────────────────────────  星形控制
     电源控制 三角形控制 减压起动定时
                                                              K70
                                                         ────(T1)
                                                              减压起动定时

              T1    Y002                                      (Y001)
         ────┤├─────┤/├──────────────────────────────────────  三角形控制
             减压起动定时 星形控制
              Y001
         ────┤├─┤
             三角形控制

22 ─────────────────────────────────────────────────────────[ END ]
```

案例 4——用 PLC 实现 3 条传送带的控制

3 条传送带连续排列，分别由 3 台电动机驱动，三台电动机分别为 M1、M2、M3。控制要求如下：三台电动机使用一个起动按钮 SB1 和一个停止按钮 SB2 控制，按下起动按钮 SB1 时，先起动电动机 M1，经过 3s 延时后，起动电动机 M2，再经过 6s 延时后，起动的电动机

M3；停止时的过程与起动相反，即按下停止按钮 SB2 时先停电动机 M3，依次延时 4s 停止电动机 M2、M1；在顺序起动完成前按下停止按钮 SB2，电动机全部停止。有必要的电气保护和互锁。

1. 分配输入点和输出点并画出 I/O 通道地址分配表

输入			输出		
元件代号	作用	输入继电器	元件代号	作用	输出继电器
SB1	停止按钮	X000	KM1	M1 控制	Y000
SB2	起动按钮	X001	KM2	M2 控制	Y001
			KM3	M3 控制	Y002

2. 画出 PLC 接线图（I/O 接线图）

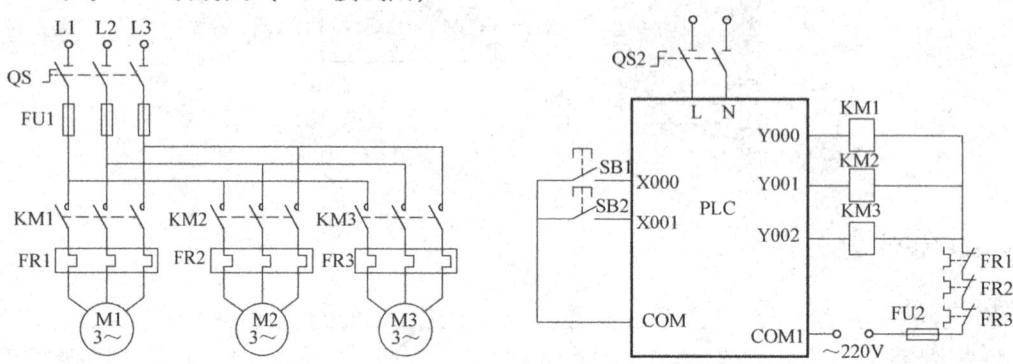

3. 程序设计

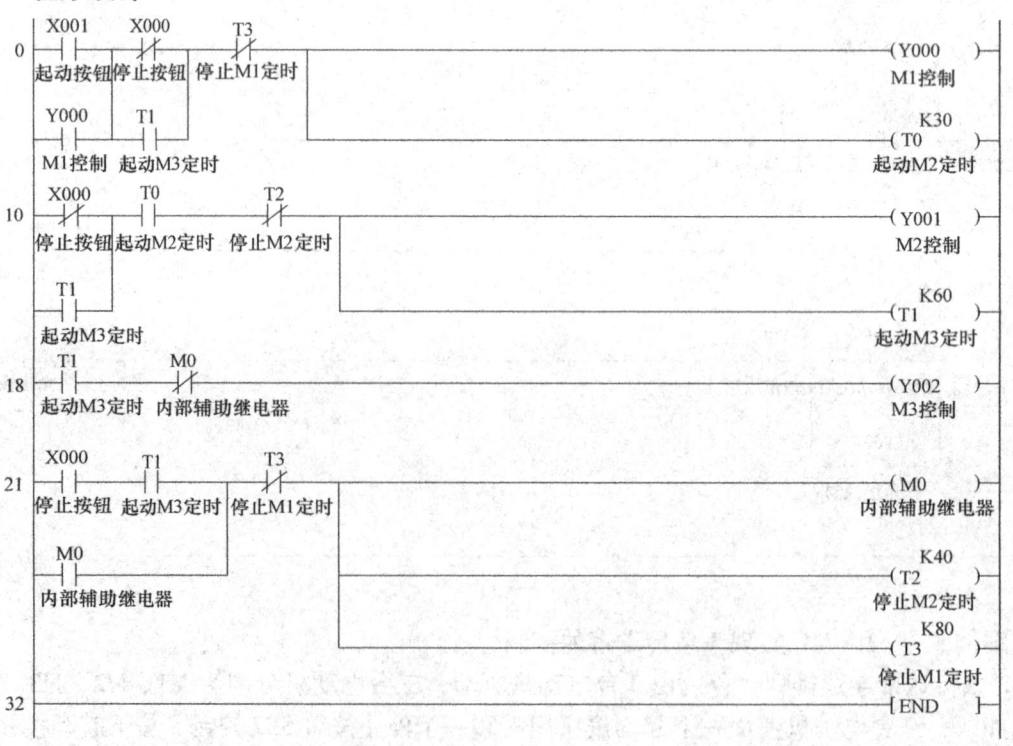

5.2 C6140型卧式车床PLC与变频器改造控制电路

在前面一节中已介绍了基本电动机电路PLC控制方法，本节选取C6140型车床进行PLC控制改造，展示传统的继电器—接触器控制系统向PLC控制系统的改造过程，作为后续复杂系统改造的参考及基础。C6140型卧式车床为我国自行设计制造的简单车床，机床结构、电气原理已在4.1章节介绍，建议读者向下阅读前可再温故下相关内容。对C6140型卧式车床PLC改造的意义：减少工作量及维护成本，线路简化维修方便。

【改造方案】

综合考虑成本控制、人员培训、性能改善等因素，确定改造方案如下：
1) 车床的加工工艺不变。
2) 主轴电动机运动、刀架快速移动及冷却泵工作。
3) 机床照明控制。
4) 电路具有过载、短路、欠电压、失电压保护。
5) 主电路保留，只针对控制电路进行PLC改造。

【硬件设计】

1. 设备选型

尽量选用原有系统的元器件，控制电路PLC考虑未来拓展及成本可选用三菱FX2N-48MR型PLC。

元件名称	符号	型号规格	数量	功能
隔离开关	QS	HZ15—63/3	1	线路主电源控制
熔断器	FU1	RL1—60/40	3	主线路短路保护
接触器	KM1	CJ20—25/380V	1	主轴电动机控制
继电器	KA1	LY2NJ	1	冷却泵电动机控制
继电器	KA2	LY4NJ	1	刀架快速移动电动机控制
电动机	M1	Y123M—4	1	主轴电动机
电动机	M2	AB—25	1	冷却泵电动机
电动机	M3	AOS5634	1	刀架快速移动电动机
可编程序控制器	PLC	FX2N—48MR	1	系统控制
低压断路器	QF1	DZ5—20/230—3A	1	PLC电源开关
按钮	SB1	LA19—11(红)	1	主轴电动机停止
按钮	SB2	LA19—11(绿)	1	主轴电动机起动
按钮	SB3	LA19—11(白)	1	刀架快速移动电动机起动
二位旋钮开关	SA1	LA86C—11×/21	2	冷却泵\照明控制开关
热继电器	FR1	JRS1D—25/12~18A	1	主轴电动机过载保护
热继电器	FR2	JRS1D—25/0.4~0.63A	1	冷却泵电动机过载保护

2. I/O分配表

输入			输出		
元件代号	作用	地址	元件代号	作用	地址
SB1	停止按钮	X000	KM	M1控制接触器	Y000
SB2	主轴起动按钮	X001	KA1	M2控制继电器	Y004
SB3	快移起动按钮	X002	KA2	M3控制继电器	Y005
SA1	冷却泵起动	X003	EL	照明灯EL	Y010
SA2	照明控制	X004			
FR1	主轴电动机热保护	X005			
FR2	冷却泵热保护	X006			

3. 系统电气控制线路

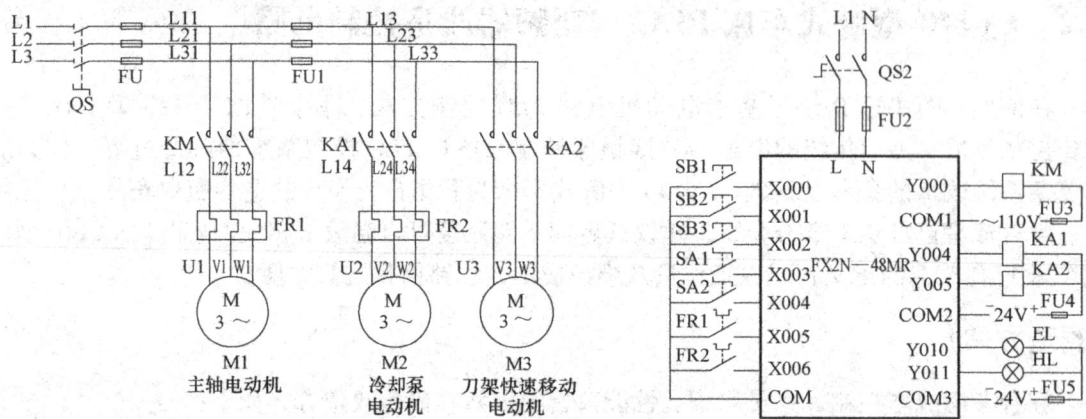

【软件设计】

采用翻译法对照 C6140 型机床电气控制原理图进行 PLC 程序设计。具体程序如下：

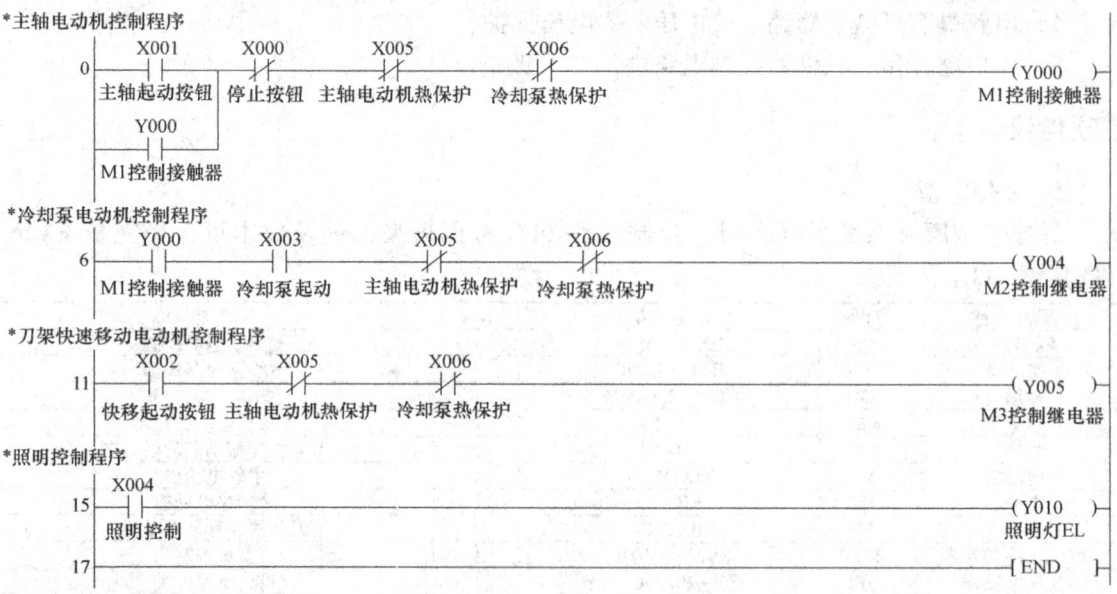

【调试过程】

1. 主轴电动机控制

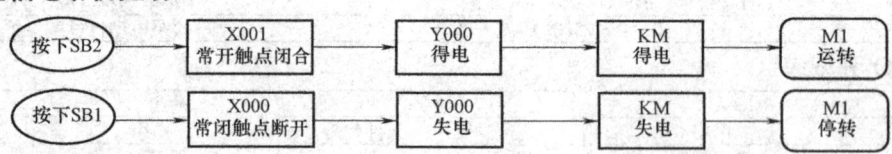

2. 冷却泵电动机控制

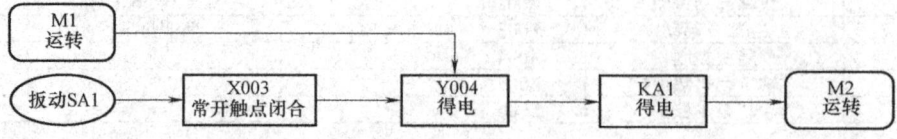

3. 刀架快速移动电动机控制

按下SB3 → X002 常开触点闭合 → Y005 得电 → KA2 得电 → M3 运转

4. 机床照明电路

扳动SA2 → X004 常开触点闭合 → Y010 得电 → EL 得电

5.3 T68型卧式镗床PLC与变频器改造控制电路

T68型卧式镗床主要用于加工精确的孔和孔间距要求较精确的零件，在前面的章节里已经介绍了其电路工作原理，本节介绍采用PLC控制变频调速技术对T68型卧式镗床控制系统进行技术改造。

传统的T68型卧式镗床上使用大量的接触器、继电器，此种控制方式造成电路接线复杂、动作速度慢、定时不精确、本身机械特性原因形成触点接触故障、故障检查维修困难、维护工作量大、灵活性差等缺陷，用PLC程序来控制可省去大量的中间继电器和时间继电器，仅剩下与输入和输出有关的少量硬件，接线量可减少到继电器控制系统的1/10以下，因触点接触不良造成的故障大为减少，并且易于日常维修，节省很多的设备附件，减少大量的安装接线工时，加上PLC本身抗干扰能力强，体积小，可以节省大量的工作空间和费用。

针对T68型卧式镗床的主传动系统的调速采用不同齿轮啮合的方式，长时间使用会出现噪声大、起动传动不平稳、换速时冲击大、大电流影响电动机寿命等问题，采用PLC与变频器相结合的方式进行改造，可以大幅节约电能、提高自动化程度，实现T68型卧式镗床系统结构简单、维护方便、工作可靠稳定。

【改造方案】

综合考虑成本控制、人员培训、性能改善等因素，确定改造方案如下：

1）镗床的工艺加工方法不变。
2）保留主电路的原有元件，不改变原控制系统电气操作方法。
3）不改变原电气系统控制元件（包括行程开关、按钮、交流接触器），以及元件的数量、作用均与原电气线路相同。
4）主轴和进给起动、制动、低速、高速和变速冲动的操作方法不变。
5）改造原继电器—接触器控制中的硬件接线，改为PLC编程实现。
6）采用可编程序控制器替代原有的继电器—接触器控制系统输出相应的控制信号，以控制变频器实现对主轴的无级变频调速，替代原有的齿轮箱有级调速。

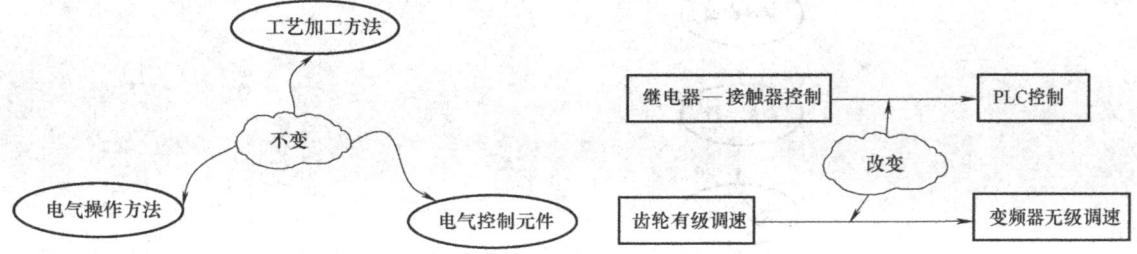

【知识拓展】

1. 变频器基础知识介绍

（1）变频器的概念　变频器是利用电力半导体器件的通断作用将工频电源变换为另一频率的电能控制装置。

（2）U/f 含义　频率下降时电压 U 也成比例下降，U 与 f 的比例关系是考虑了电动机特性而预先决定的，通常在控制器的存储装置（ROM）中存有几种特性，可以用开关或标度盘进行选择。

（3）变频器的接线　变频器的接线分为两部分：一部分是主电路，用于电源及电动机的连接；另一部分是控制电路，用于控制电路及监测电路的连接。

（4）PLC 与变频器的连接　一是利用 PLC 的开关量输入/输出模块控制变频器；二是利用 PLC 模拟量输出模块控制变频器；三是利用 PLC 通信端口控制变频器。

（5）参数设置　一般根据原厂使用说明书进行相应参数设置，以决定变频器运行模式、状态和功能。

2. PLC 系统改造设计一般流程

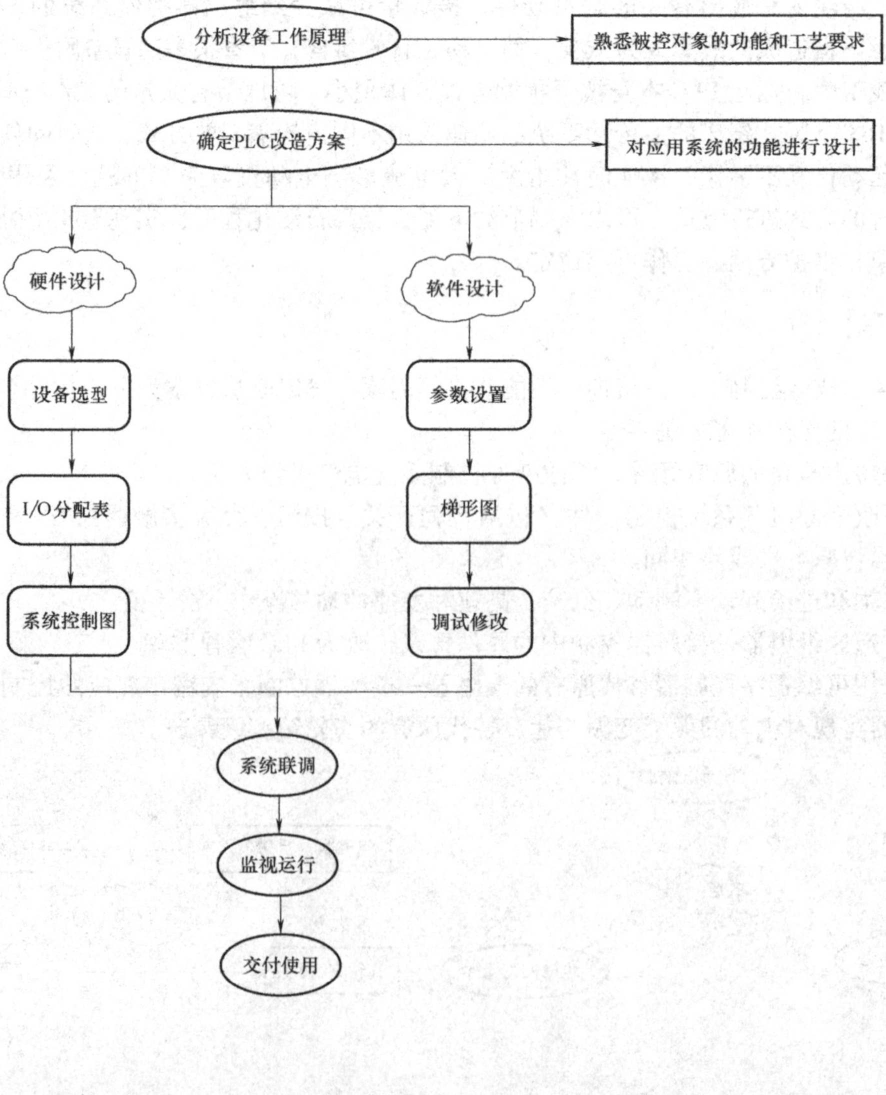

【硬件设计】

1. 设备选型

以 T68 型卧式镗床控制系统结构简单、维护方便、可靠性高、自动程度高、无级变频调速为控制要求来确定 PLC 的输入/输出点数，同时留有余量，以便于将来进一步提高其自动化水平。选用日本三菱的 FX2N—48MR 型 PLC 作为控制系统的元件，该型号的 PLC 具有功能全、体积小、重量轻、价格低等优点。PLC 的供电电源由隔离变压器单独提供，以减少噪声或电网波动对 PLC 的干扰。选用日本三菱 FR—A540 系列变频器便可满足使用要求，同时也能满足主要元器件的品牌一致性，提高系统性能稳定性及兼容性。

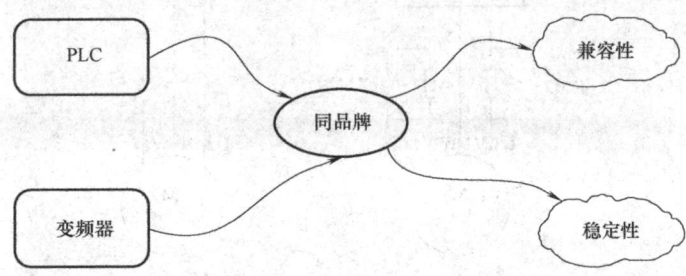

2. I/O 分配表

输入			输出		
元件代号	作用	地址	元件代号	作用	地址
SB0	停止按钮	X000	STF	主轴正转	Y000
SB1	正转起动按钮	X001	STR	主轴反转	Y001
SB2	反转起动按钮	X002	RH	主轴高速	Y002
SB3	正转点动按钮	X003	RL	主轴低速	Y003
SB4	反转点动按钮	X004	KM3	M2 正转	Y010
SB5	高低速转换按钮	X005	KM4	M2 反转	Y011
SB6	断续冲动开关	X006	KM1	变频器通电	Y012
SQ1	主轴限位开关	X007	KM2	制动电阻	Y013
SQ2	工作台限位开关	X010	HL1	变频器通电指示	Y020
SQ3	工作台正转开关	X011	HL2	M1 正转指示	Y021
SQ4	工作台反转开关	X012	HL3	M1 反转指示	Y022
KS1	主轴正向速度继电器	X013	HL4	变频器故障指示	Y023
KS2	主轴反向速度继电器	X014			
AC	变频器故障	X015			

3. 系统电气控制线路

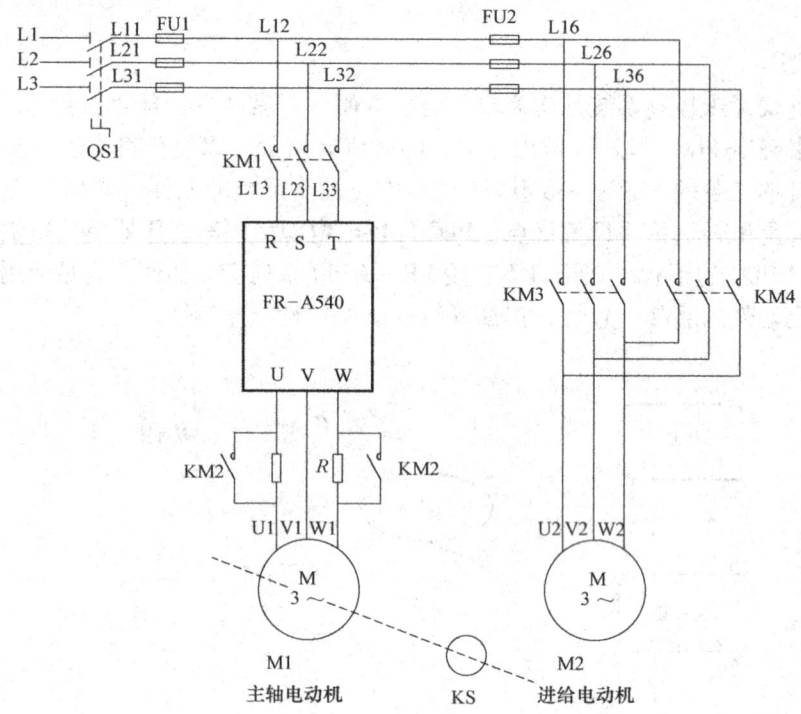

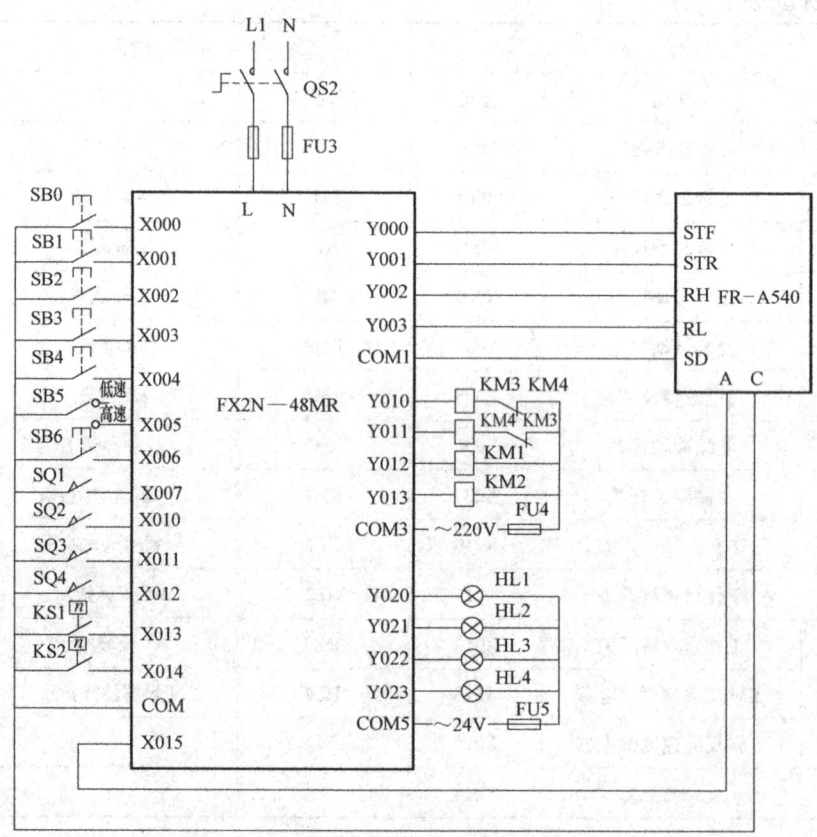

【软件设计】

1. 变频器参数设置

PLC 控制变频器驱动电动机高低速正反转操作步骤如下：

(1) 目标参数设置

参数号	名称	设定值	备注
Pr. 79	运行模式选择	3	外部与 PU 操作组合
Pr. 1	上限频率	50Hz	根据实际设定
Pr. 2	下限频率	0Hz	根据实际设定
Pr. 3	基准频率	50Hz	根据实际设定
Pr. 4	多段速设定(高速)	50Hz	按需设定
Pr. 6	多段速设定(低速)	30Hz	按需设定
Pr. 7	加速时间	4s	按需设定
Pr. 8	减速时间	4s	按需设定
Pr. 9	热保护动作电流	10A	按主轴电动机额定电流

(2) 控制面板操作

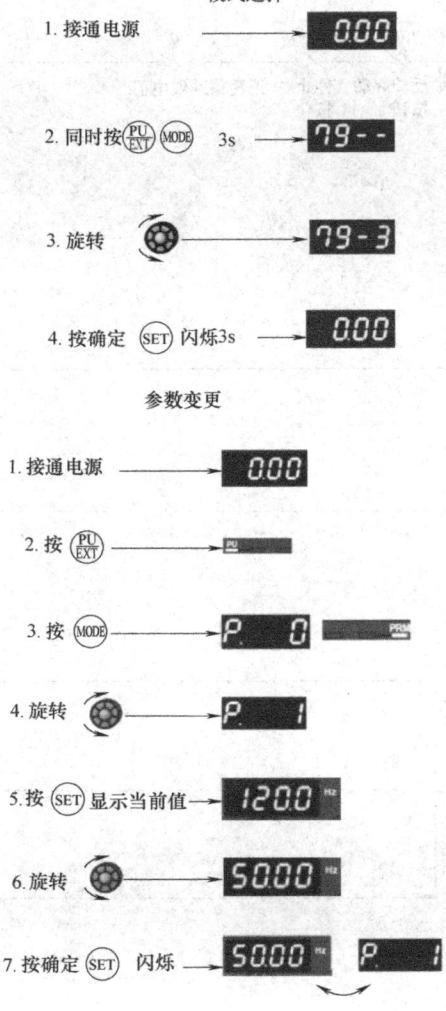

2. PLC 程序

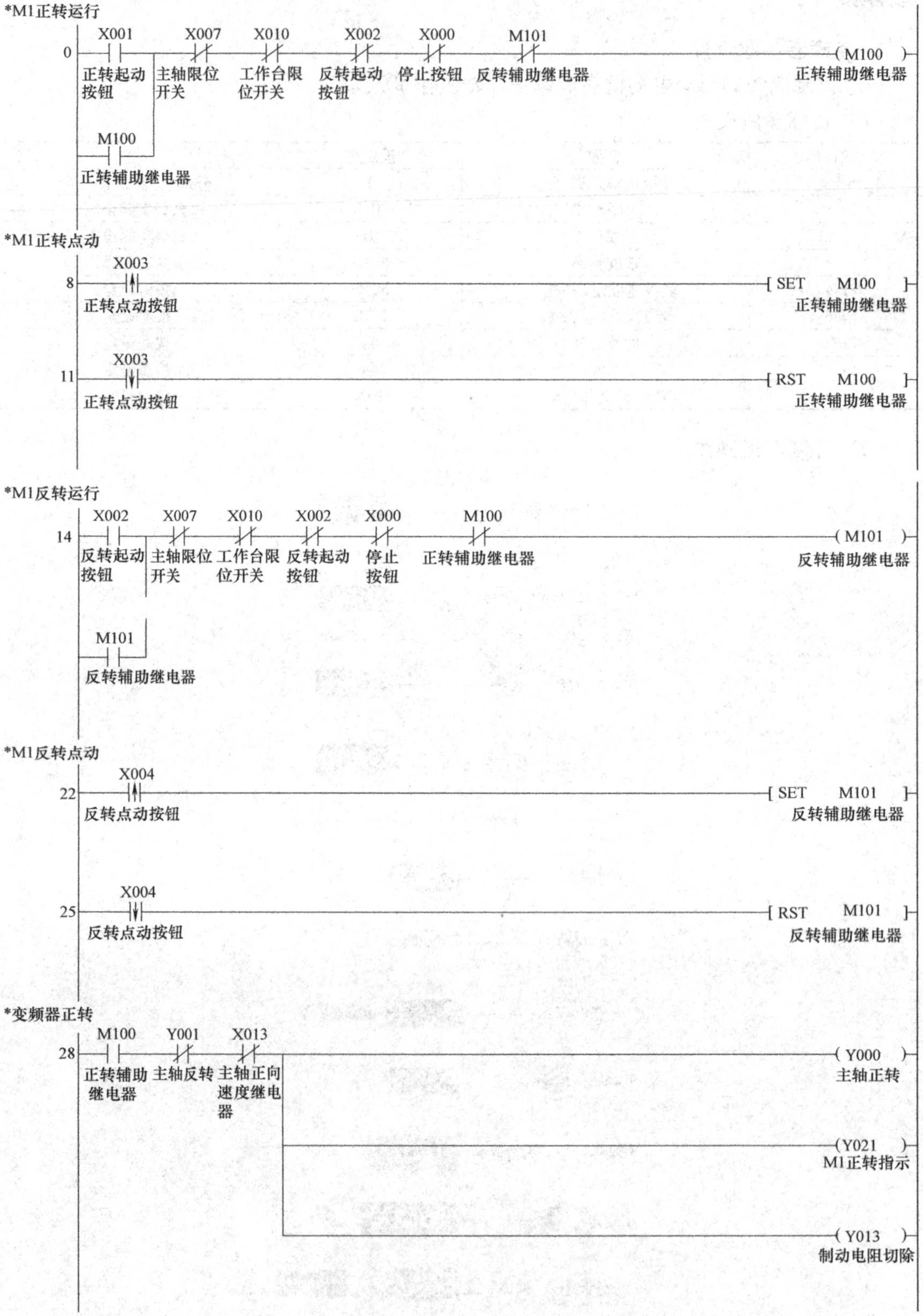

*M1正转运行

```
     X001    X007    X010    X002    X000    M101
0 ───┤├──────┤/├─────┤/├─────┤/├─────┤/├─────┤/├──────────────────( M100 )
    正转起动 主轴限位 工作台限 反转起动 停止按钮 反转辅助继电器         正转辅助继电器
     按钮    开关    位开关   按钮

     M100
  ───┤├──
    正转辅助继电器
```

*M1正转点动

```
     X003
8 ───┤├─────────────────────────────────────────────[ SET  M100 ]
    正转点动按钮                                         正转辅助继电器

     X003
11 ──┤↓├────────────────────────────────────────────[ RST  M100 ]
    正转点动按钮                                         正转辅助继电器
```

*M1反转运行

```
     X002    X007    X010    X001    X000    M100
14 ──┤├──────┤/├─────┤/├─────┤/├─────┤/├─────┤/├──────────────────( M101 )
    反转起动 主轴限位 工作台限 正转起动 停止  正转辅助继电器           反转辅助继电器
     按钮    开关    位开关   按钮    按钮

     M101
  ───┤├──
    反转辅助继电器
```

*M1反转点动

```
     X004
22 ──┤├─────────────────────────────────────────────[ SET  M101 ]
    反转点动按钮                                         反转辅助继电器

     X004
25 ──┤↓├────────────────────────────────────────────[ RST  M101 ]
    反转点动按钮                                         反转辅助继电器
```

*变频器正转

```
     M100    Y001    X013
28 ──┤├──────┤/├─────┤/├──────────────────────────────────────────( Y000 )
    正转辅助 主轴反转 主轴正向                                       主轴正转
     继电器         速度继电
                    器
                                                                  ( Y021 )
                                                                 M1正转指示

                                                                  ( Y013 )
                                                                 制动电阻切除
```

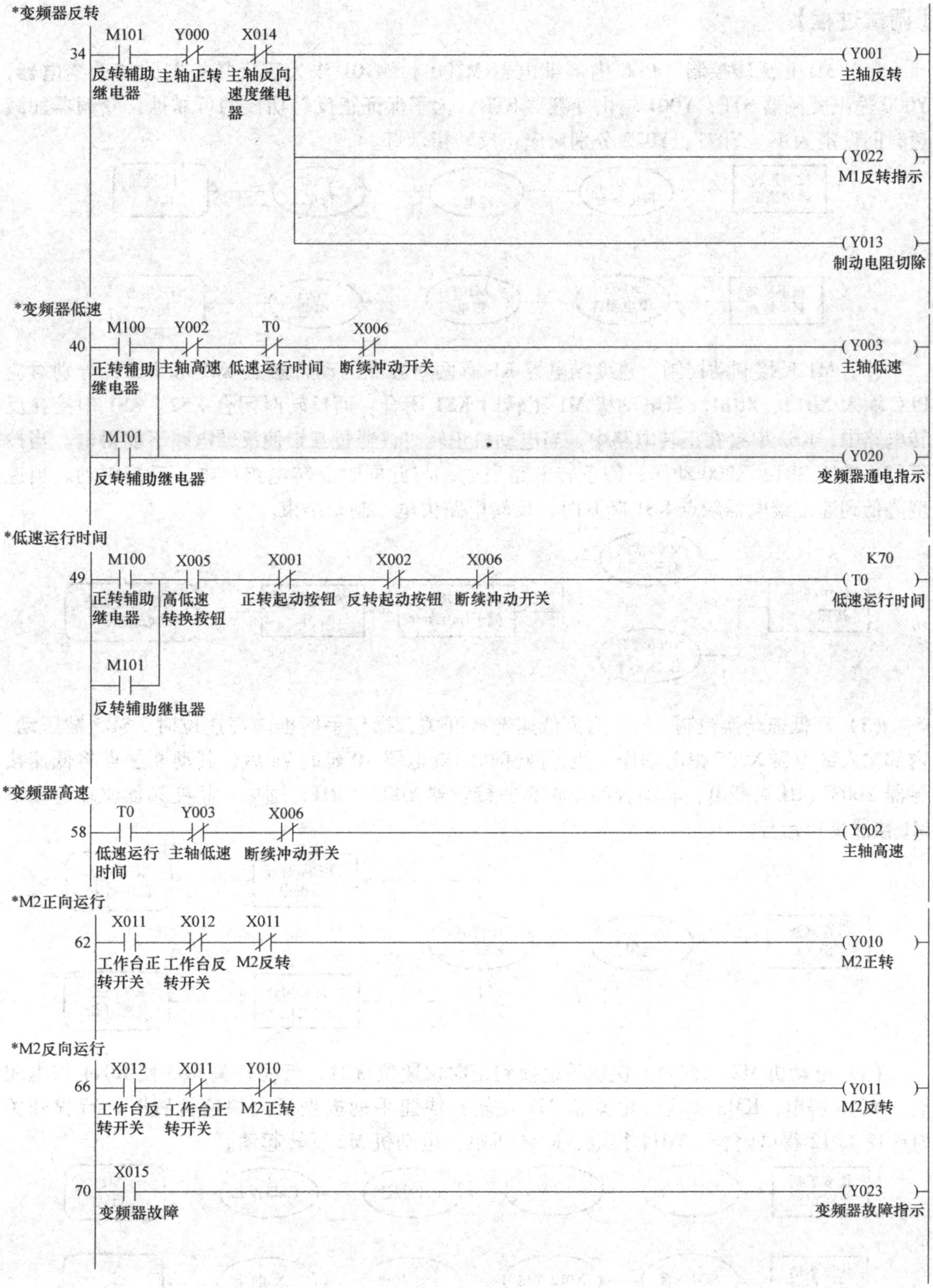

第5章 PLC与变频器控制机床电气控制线路图的识读

```
*变频器反转
       M101    Y000    X014
  34 ──┤├──────┤/├─────┤/├──────────────────────────( Y001 )
      反转辅助  主轴正转 主轴反向                          主轴反转
      继电器           速度继
                      电器
                                                    ( Y022 )
                                                    M1反转指示

                                                    ( Y013 )
                                                    制动电阻切除

*变频器低速
       M100    Y002    T0      X006
  40 ──┤├──────┤├──────┤/├─────┤/├────────────────( Y003 )
      正转辅助  主轴高速 低速运行时间 断续冲动开关            主轴低速
      继电器
       M101
      ──┤├──────────────────────────────────────── ( Y020 )
      反转辅助继电器                                 变频器通电指示

*低速运行时间
       M100    X005    X001    X002    X006            K70
  49 ──┤├──────┤├──────┤/├─────┤/├─────┤/├──────── ( T0 )
      正转辅助  高低速  正转起动按钮 反转起动按钮 断续冲动开关  低速运行时间
      继电器   转换按钮
       M101
      ──┤├──
      反转辅助继电器

*变频器高速
       T0      Y003    X006
  58 ──┤├──────┤/├─────┤/├──────────────────────── ( Y002 )
      低速运行  主轴低速 断续冲动开关                       主轴高速
      时间

*M2正向运行
       X011    X012    X011
  62 ──┤├──────┤/├─────┤/├──────────────────────── ( Y010 )
      工作台正 工作台反 M2反转                          M2正转
      转开关   转开关

*M2反向运行
       X012    X011    Y010
  66 ──┤├──────┤/├─────┤/├──────────────────────── ( Y011 )
      工作台反 工作台正 M2正转                          M2反转
      转开关   转开关

       X015
  70 ──┤├──────────────────────────────────────── ( Y023 )
      变频器故障                                    变频器故障指示
```

【调试过程】

(1) M1 正反转控制　PLC 内部继电器 M100 和 M101 作为正反转控制的辅助继电器，Y000 输出变频器 STF，Y001 输出变频器 STR，为了保证正反转切换的可靠性，变频器加减速时间设定为 4s，Y021、Y022 分别对应正反转指示灯。

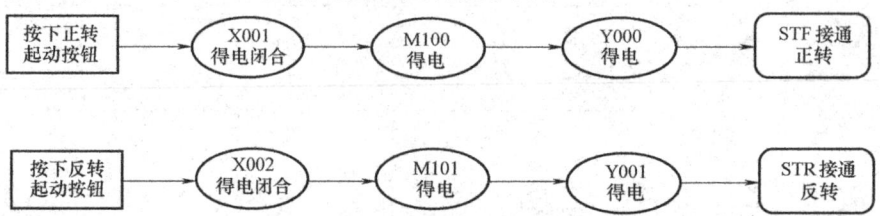

(2) M1 反接制动控制　速度继电器 KS 有两对独立的动合触点 KS1 和 KS2，分别对应 PLC 输入 X013、X014。当电动机 M1 正转时 KS1 闭合，而反转时闭合 KS2。KS1 串接在反转电路中，KS2 串接在正转电路中，当电动机正转时，通过互锁使反转电路不能得电。当按下停止按钮 SB1，X000 动作，使正转电路失电，与此同时反转电路得电，反接制动。当速度降低到速度继电器触点 KS1 断开时，反转电路失电，制动结束。

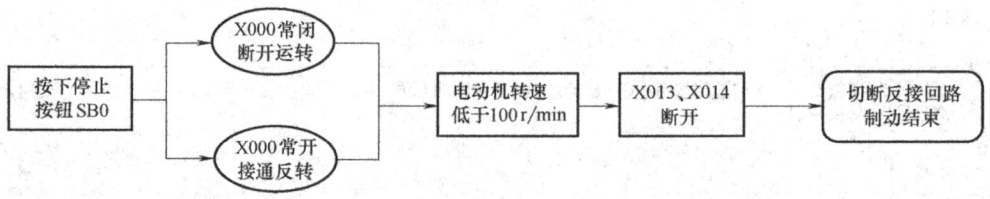

(3) 高低速转换控制　SB5 为高低速选择开关，操作手柄推向高速位时，SB5 被压动，内部输入继电器 X005 得电动作，经过内部时间继电器 T0 延时 7s 后，其动断触点将低速接触器 Y003（RL）断电，其动合触点将高速接触器 Y002（RH）通电，将变频器驱动电动机 M1 接成高速运行。

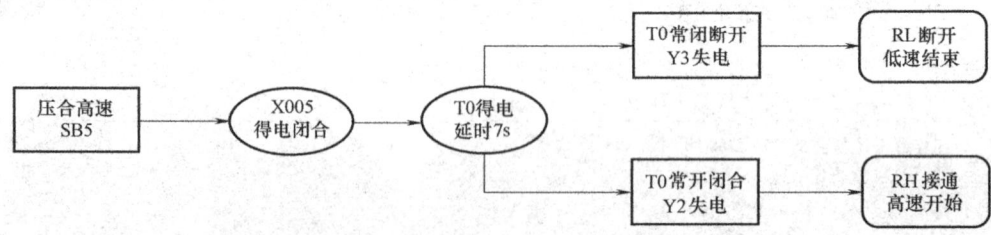

(4) 电动机 M2 的控制　快速手柄扳到正向快速位置时，行程开关 SQ3 使 X011 得电闭合，Y010 得电，KM3 得电，电动机 M2 正转；快速手柄扳到反向快速位置时，行程开关 SQ4 使 X012 得电闭合，Y011 得电，KM4 得电，电动机 M2 反转起动。

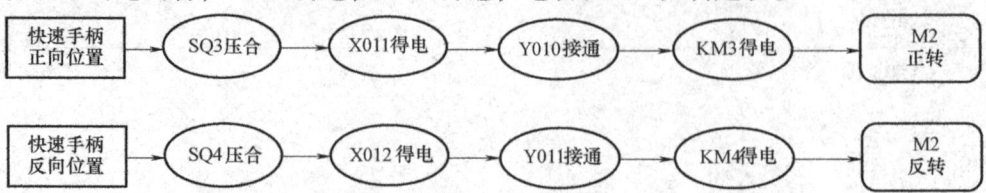

5.4　X62W 型万能铣床 PLC 与变频器改造控制电路

X62W 型万能铣床是一种高效率的加工机械，在机械加工和机械修理中均得到了广泛的应用。在金属切削机床中，铣床的数量仅次于车床，它可用来加工平面、斜面、沟槽等。但是，传统的继电器—接触器控制系统线路复杂、触点多，使得故障率较高，给生产和维护带来诸多不便，严重地影响生产效率的进一步提高。在 4.3 章节已对 X62W 型万能铣床的工作原理做过描述，本节侧重对其进行技术改造，以期达到简化电路、工作可靠、提高效率的目的。

【改造方案】

综合考虑成本控制、人员培训、性能改善等因素，确定改造方案如下：
1）原铣床的工艺加工方法不变。
2）在保留主电路原有元件的基础上，不改变原控制系统电气操作方法。
3）原系统中各元器件（包括按钮、行程开关、热继电器和接触器）的作用与原电气线路相同。
4）将原控制电路中的硬件接线改为 PLC 控制，即梯形图程序实现。
5）以变频器控制主轴电动机实现转速、制动线性控制。
6）以触摸屏实现人机交互、输入控制、输出显示功能，使得系统在线操作和实时监控更为方便快捷。

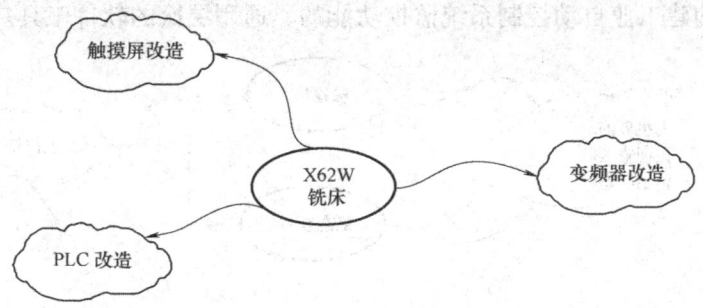

【知识拓展】

1. 变频器知识的进阶

（1）多段速控制　变频器外部端子 RH、RM、RL 是速度控制端子。通过这些端子的组合可以实现三段速或七段速控制。多段速控制时，要对相应的多功能端子进行功能定义，并进行正确的接线，还要设置多段速参数及相应的配套参数，才能实现多段速控制。不同品牌的变频器有不同的设置方法及要求，需要参照说明书进行相应的设置。此外，对其他端子进行重新定义，还可以实现十五段速的控制。

（2）正反转控制　一般变频器都是交直交型，先将交流整流成直流，再从直流逆变成相位相差 120°的三相交流电。逆变出来的交流电电压、频率、相位是可控制的。当需要正转时，内部处理器将逆变出来的交流电 UVW 相位控制为 0°、120°、240°；当需要反转时，内部处理器将逆变出来的交流电 UVW 相位控制为 0°、240°、120°。相当于我们平时将电动机线任意两根对调得到反转。变频器控制正反转无需另加互锁装置。

(3) 制动控制　在减速的过程中才会激活，消耗掉电动机反馈到变频器的电能（反向的再生电流）。一般功率小的变频器通过直流制动，内部消耗掉了，功率在 15kW 以上的变频器一般推荐加装制动单元与制动电阻，通过电阻热能消耗掉这部分电流，而制动单元就相当于一个开关，检测到超过容量的电流就会打开，释放到电阻中。变频器可通过设置减速时间（斜坡曲线参数）来实现制动控制。

(4) 保护报警功能　变频器的保护功能可分为以下两类：

1) 检知异常后封锁电力半导体器件 PWM 控制信号，使电动机自动停车，如过电流切断、再生过电压切断、半导体冷却风扇过热和瞬时停电保护等。

2) 检知异常状态后自动地进行修正动作，如过电流失速防止、再生过电压失速防止等。

2. 触摸屏基础知识介绍

(1) 触摸屏概念　触摸屏（touch screen）又称为"触控屏"或"触控面板"，是一种可接收触点等输入信号的感应式液晶显示装置，当接触到屏幕上的图形按钮时，屏幕上的触觉反馈系统可根据预先编程的程式驱动各种连接装置，可用以取代机械式的按钮面板，并借由液晶显示画面制造出生动的影音效果。触摸屏作为一种最新的微机输入设备，它是目前最简单、方便、自然的一种人机交互方式。

(2) 组态软件　组态软件又称为组态监控系统软件，译自英文 SCADA，即 Supervisory Control and Data Acquisition（数据采集与监视控制）。它是指一些数据采集与过程控制的专用软件。它们处在自动控制系统监控层一级的软件平台和开发环境，使用灵活的组态方式，为用户提供快速构建工业自动控制系统监控功能的、通用层次的软件工具。

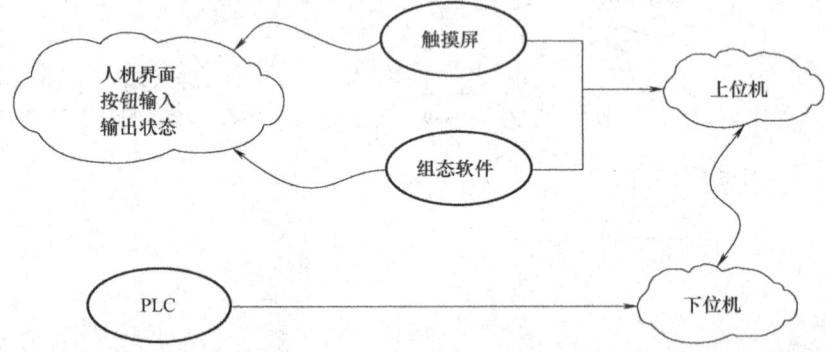

【硬件设计】

1. 设备选型

在满足生产工艺控制的前提下，尽可能使 PLC 控制系统结构简单、性价比高。通过对 X62W 型万能铣床电气控制线路的分析，输入和输出均为开关量：输入点 14 个，输出点 9 个。考虑到实际需求及系统的未来扩展功能，选取三菱公司的 FX2N—48MR 继电器输出型 PLC。

主轴电动机与进给电动机均采用三菱 FR-A540 系列变频器控制，可精确实现主轴正铣、逆铣及制动时间的控制，进给电动机的正反向及正常速、高速的控制，设置合适的 Pr.9 参数还可实现电动机过电流保护。冷却泵的控制采用传统的接触器控制、热继电器保护。

由于触摸屏操作方便，且易于远程控制，越来越多地应用在了工业领域中。根据 X62W

型万能铣床的控制要求，我们用三菱触摸屏 GT1275-VNBA 和 GT Designer 3 组态软件配合 PLC 来替代控制柜上的按钮和选择开关等物理元器件，并且还可以通过触摸屏来监视铣床运行动作情况。

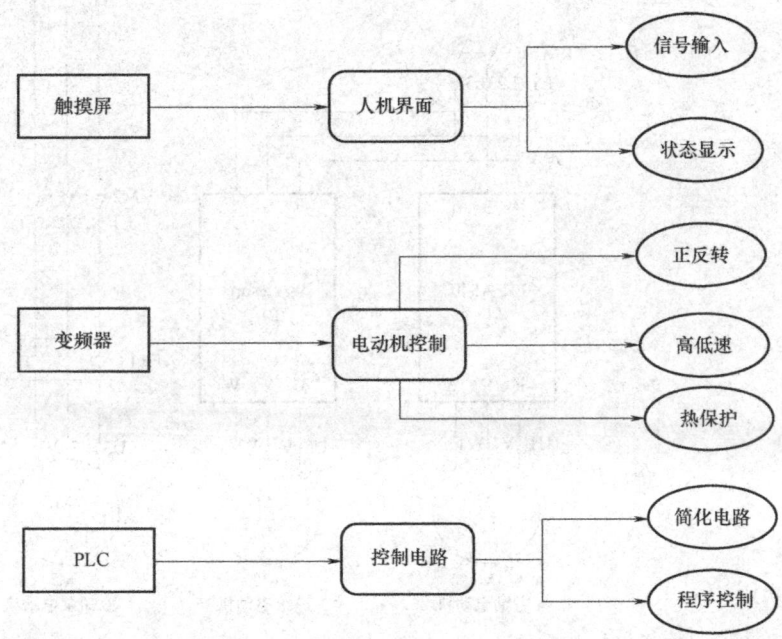

2. I/O 分配表

输入			输出		
元件代号	作用	地址	元件代号	作用	地址
SB1、SB2	两地主轴起动按钮	X000	STF1	主轴电动机正转	Y000
	主轴起动触摸键	M0		主轴电动机正转屏显示	M100
SB3、SB4	两地快速进给按钮	X001	STR1	主轴电动机反转	Y001
	快速进给触摸键	M1		主轴电动机反转屏显示	M101
SB5、SB6	两地主轴停止按钮	X002	STF2	进给电动机正转	Y004
	主轴停止触摸键	M2		进给电动机正转屏显示	M102
SA1	换刀开关	X003	STR2	进给电动机反转	Y005
	换刀开关触摸键	M3		进给电动机反转屏显示	M103
SA2	圆工作台开关	X004	RM2	正常进给	Y006
	圆工作台开关触摸键	M4		正常进给屏显示	M104
SQ1	主轴变速冲动	X005	RH2	快速进给	Y007
	主轴变速冲动触摸键	M5		快速进给屏显示	M105
SQ2	进给变速冲动	X006	KM1	变频器通电	Y010
	进给变速冲动触摸键	M6	KM2	冷却泵电动机运转	Y011
SQ3	向前或向下进给行程开关	X007		冷却泵电动机运转屏显示	M106
SQ4	向后或向上进给行程开关	X010	EL	机台照明	Y014
SQ5	向右进给行程开关	X011			
SQ6	向左进给行程开关	X012			
	主轴逆铣触摸键	M7			
FR1	冷却泵过载保护	X013			
QS1	冷却泵起动按钮	X014			
	冷却泵起动触摸键	M8			

3. 系统电气控制线路

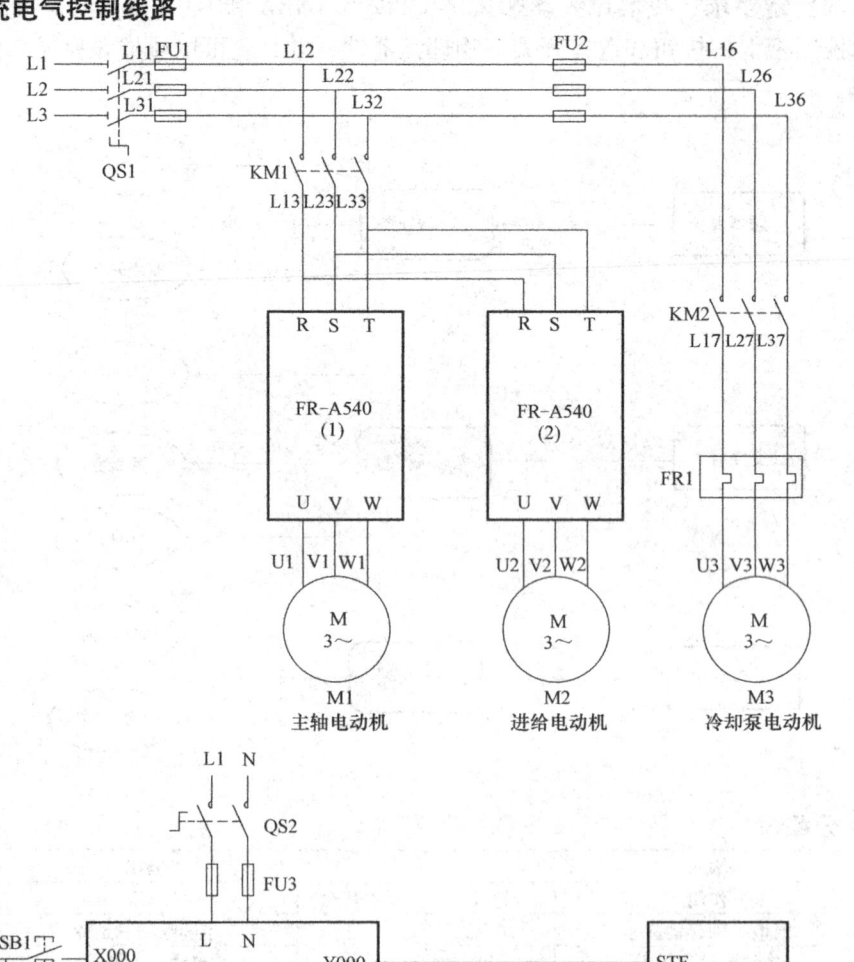
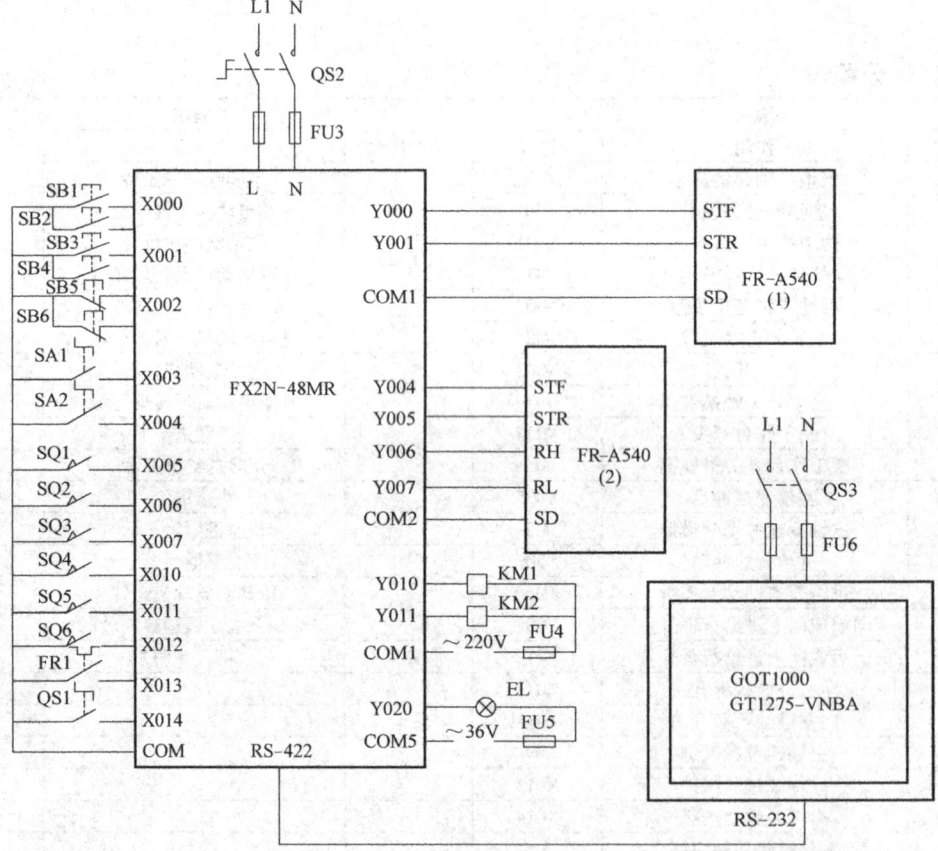

【软件设计】

1. 变频器参数设置

(1) 主轴电动机控制变频器

参数号	名称	设定值	备注
Pr. 79	运行模式选择	3	外部与 PU 操作组合
Pr. 1	上限频率	50Hz	根据实际设定
Pr. 2	下限频率	0Hz	根据实际设定
Pr. 3	基准频率	50Hz	根据实际设定
Pr. 7	加速时间	5s	按需设定
Pr. 8	减速时间	2s	按需设定
Pr. 9	热保护动作电流	16A	按主轴电动机额定电流

(2) 进给电动机控制变频器

参数号	名称	设定值	备注
Pr. 79	运行模式选择	3	外部与 PU 操作组合
Pr. 1	上限频率	50Hz	根据实际设定
Pr. 2	下限频率	0Hz	根据实际设定
Pr. 3	基准频率	50Hz	根据实际设定
Pr. 4	多段速设定(高速)	50Hz	按需设定
Pr. 5	多段速设定(中速)	30Hz	按需设定
Pr. 7	加速时间	5s	按需设定
Pr. 8	减速时间	5s	按需设定
Pr. 9	热保护动作电流	10A	按进给电动机额定电流

2. 触摸屏组态设计

分析系统的控制要求：该机床的主轴起动、主轴制动、主轴换刀由触摸屏上的触摸键来控制，同时工作台的快速移动和圆工作台的工作也由触摸键来控制，并用触摸屏上的指示灯来显示相应的工作状态，在触摸屏上能显示工作台的基本运行状态：工作台正向、工作台反向、正常进给、快速进给。

触摸屏设计了两个画面，0 屏为初始画面，如图所示。开机后自动进入初始画面 0 屏，触摸"进入系统"键后可以进入到画面 1 屏中，1 屏为万能铣床操作与监控画面，画面中有主轴电动机起动、停止、换刀，工作台正反转、变速冲动，冷却泵起动、运行等触摸按钮和相应指示灯。触摸"返回"键后可以返回到初始画面 0 屏。

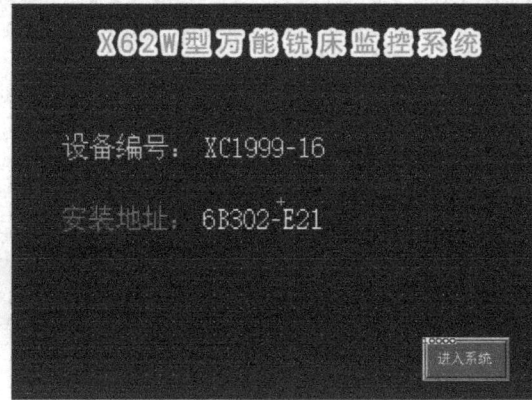
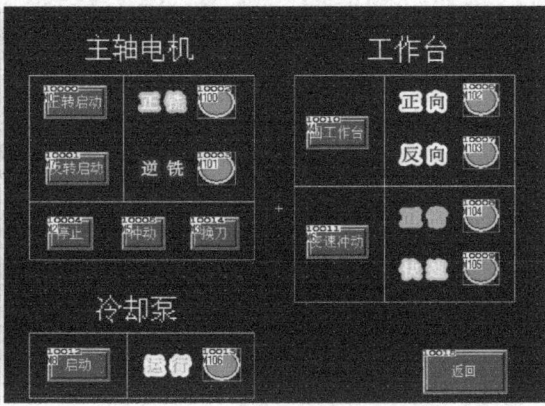

3. PLC 程序

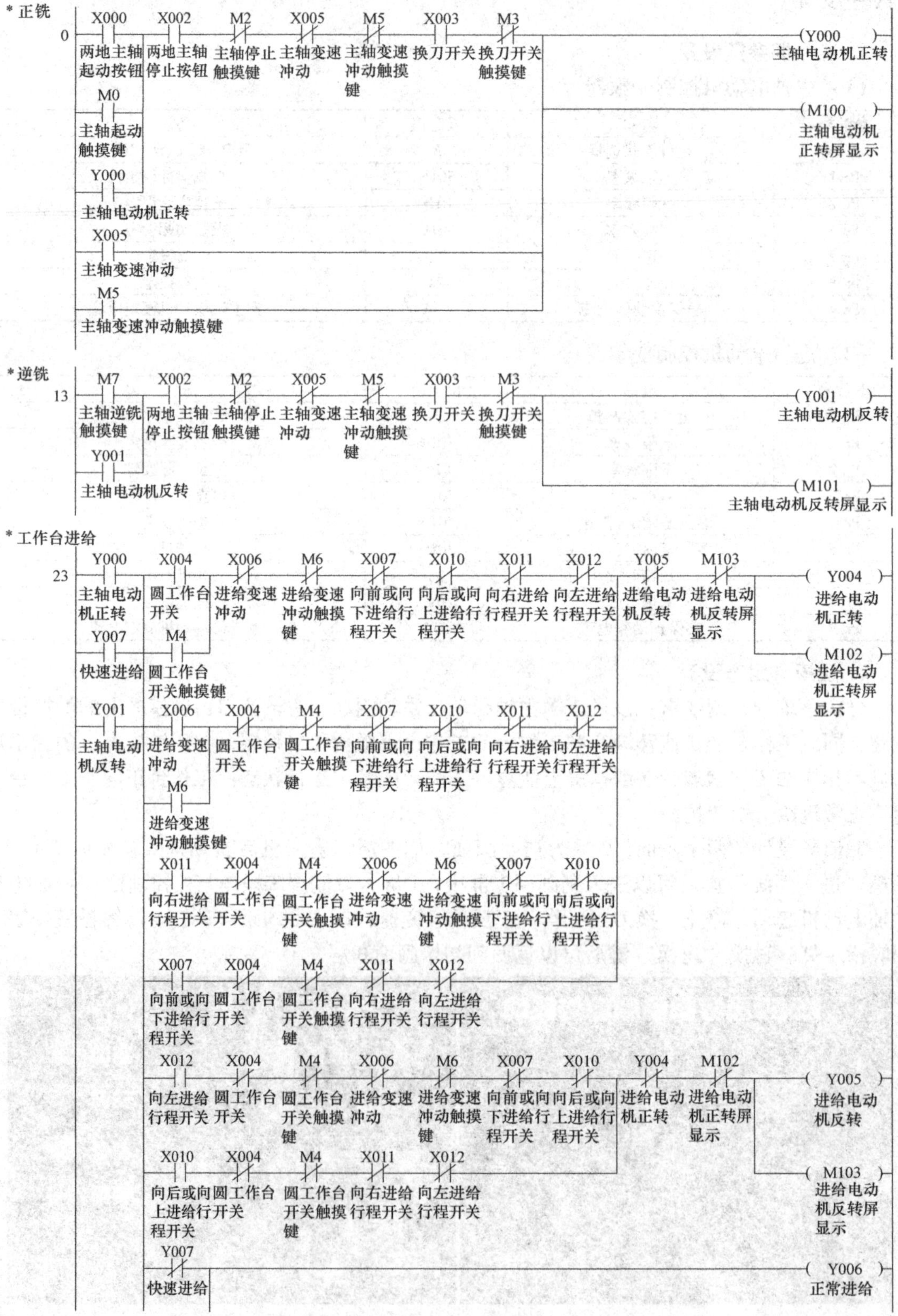

* 正铣

```
       X000   X002   M2    X005    M5    X003   M3
0 ─────┤ ├───┤/├───┤/├───┤/├───┤/├───┤/├───┤/├──────────────( Y000 )
       │                                                    主轴电动机正转
   两地主轴 两地主轴 主轴停止 主轴变速 主轴变速 换刀开关 换刀开关
   起动按钮 停止按钮 触摸键  冲动   冲动触摸           触摸键
                                  键
       M0
    ───┤ ├──
    主轴起动
    触摸键
       Y000                                                 ( M100 )
    ───┤ ├──                                                主轴电动机
    主轴电动机正转                                            正转屏显示
       X005
    ───┤ ├──
    主轴变速冲动
       M5
    ───┤ ├──
    主轴变速冲动触摸键
```

* 逆铣

```
       M7    X002   M2    X005    M5    X003   M3
13 ────┤ ├───┤/├───┤/├───┤/├───┤/├───┤/├───┤/├──────────────( Y001 )
                                                            主轴电动机反转
   主轴逆铣 两地主轴 主轴停止 主轴变速 主轴变速 换刀开关 换刀开关
   触摸键  停止按钮 触摸键  冲动   冲动触摸           触摸键
                                  键
       Y001                                                 ( M101 )
    ───┤ ├──                                                主轴电动机反转屏显示
    主轴电动机反转
```

* 工作台进给

```
        Y000   X004   X006   M6    X007   X010   X011   X012   Y005   M103
23 ─────┤ ├───┤/├───┤/├───┤/├───┤/├───┤/├───┤/├───┤/├───┤/├───┤/├────( Y004 )
                                                                     进给电动机正转
    主轴电动 圆工作台 进给变速 进给变速 向前或向 向后或向 向右进给 向左进给 进给电动 进给电动
    机正转  开关    冲动    冲动触摸 下进给行 上进给行 行程开关 行程开关 机反转  机反转屏
                         键      程开关  程开关                          显示
        Y007   M4                                                    ( M102 )
    ────┤ ├───┤ ├──                                                  进给电动
    快速进给 圆工作台                                                   机正转屏
            开关触摸键                                                 显示
        Y001   X006   X004   M4    X007   X010   X011   X012
    ────┤ ├───┤/├───┤/├───┤/├───┤/├───┤/├───┤/├───┤/├──
    主轴电动 进给变速 圆工作台 圆工作台 向前或向 向后或向 向右进给 向左进给
    机反转  冲动    开关    开关触摸 下进给行 上进给行 行程开关 行程开关
                         键      程开关  程开关
        M6
    ────┤ ├──
    进给变速
    冲动触摸键
        X011   X004   M4    X006   M6    X007   X010
    ────┤ ├───┤/├───┤/├───┤/├───┤/├───┤/├───┤/├──
    向右进给 圆工作台 圆工作台 进给变速 进给变速 向前或向 向后或向
    行程开关 开关    开关触摸 冲动    冲动触摸 下进给行 上进给行
                  键            键      程开关  程开关
        X007   X004   M4    X006   X011   X012
    ────┤ ├───┤/├───┤/├───┤/├───┤/├───┤/├──
    向前或向 圆工作台 圆工作台 进给变速 向右进给 向左进给
    下进给行 开关    开关触摸 冲动    行程开关 行程开关
    程开关         键
        X012   X004   M4    X006   M6    X007   X010   Y004   M102
    ────┤ ├───┤/├───┤/├───┤/├───┤/├───┤/├───┤/├───┤/├───┤/├────( Y005 )
                                                               进给电动
    向左进给 圆工作台 圆工作台 进给变速 进给变速 向前或向 向后或向 进给电动 进给电动 机反转
    行程开关 开关    开关触摸 冲动    冲动触摸 下进给行 上进给行 机正转  机正转屏
                  键            键      程开关  程开关         显示
        X010   X004   M4    X011   X012                       ( M103 )
    ────┤ ├───┤/├───┤/├───┤/├───┤/├──                          进给电动
    向后或向 圆工作台 圆工作台 向右进给 向左进给                    机反转屏
    上进给行 开关    开关触摸 行程开关 行程开关                    显示
    程开关         键
        Y007                                                  ( Y006 )
    ────┤ ├──                                                 正常进给
    快速进给
```

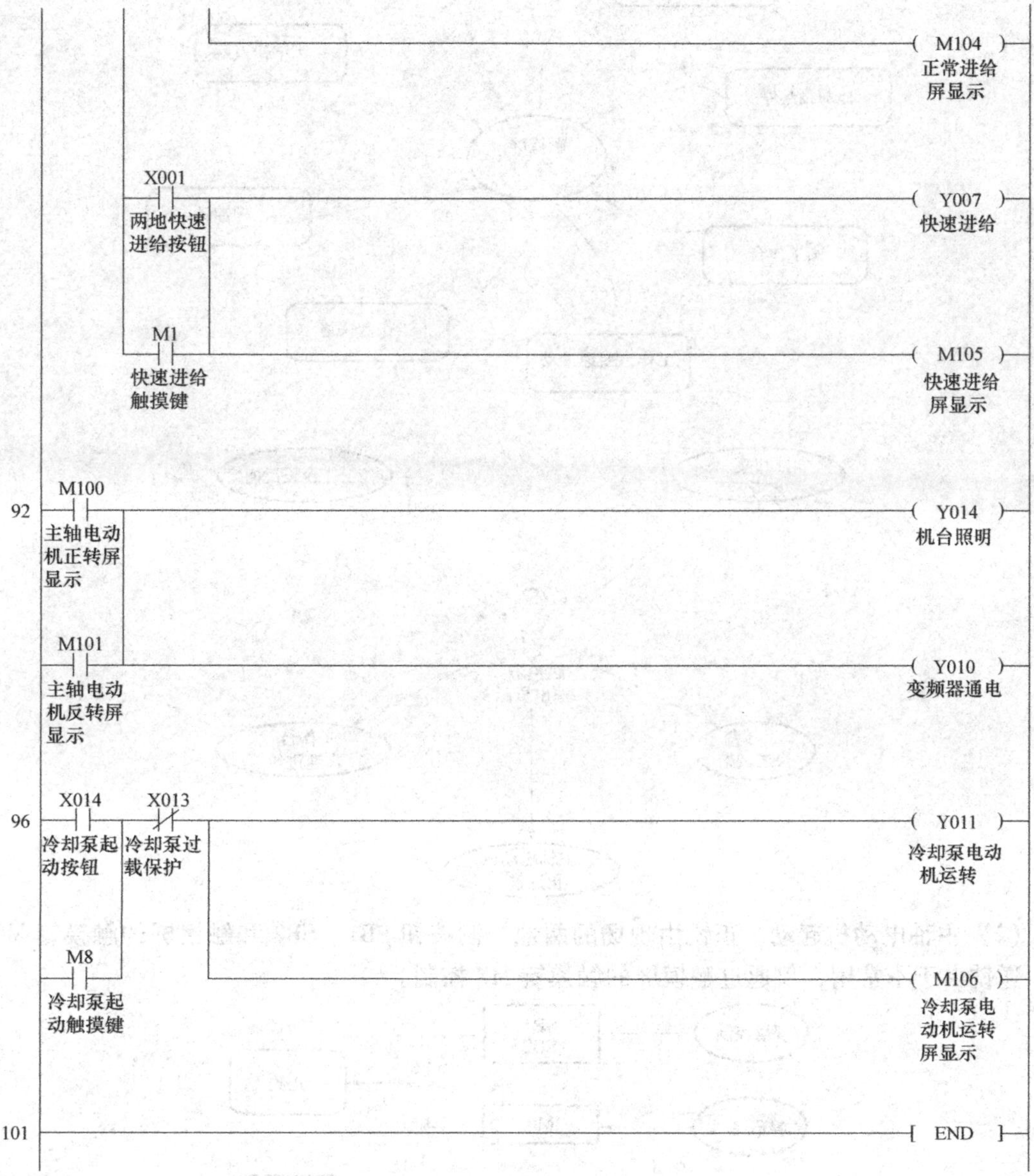

第5章 PLC与变频器控制机床电气控制线路图的识读

```
                                                    ( M104 )
                                                     正常进给
                                                     屏显示

        X001                                        ( Y007 )
        ─┤├─                                         快速进给
        两地快速
        进给按钮

        M1
        ─┤├─                                        ( M105 )
        快速进给                                       快速进给
        触摸键                                         屏显示

    M100
92  ─┤├─                                            ( Y014 )
    主轴电动                                           机台照明
    机正转屏
    显示

    M101
    ─┤├─                                            ( Y010 )
    主轴电动                                          变频器通电
    机反转屏
    显示

    X014  X013
96  ─┤├────┤/├─                                     ( Y011 )
    冷却泵起 冷却泵过                                   冷却泵电动
    动按钮  载保护                                     机运转

    M8
    ─┤├─                                            ( M106 )
    冷却泵起                                          冷却泵电
    动触摸键                                          动机运转
                                                    屏显示

101                                                 [ END ]
```

【调试过程】

（1）触摸屏控制　该机床的主轴正逆铣起动、主轴停止、主轴换刀、主轴冲动由触摸屏上的触摸键来控制；同时工作台的快速移动、变速冲动和圆工作台的工作由触摸键来控制；此外冷却泵的启停也由触摸键控制，并用触摸屏上的指示灯来显示相应的工作状态。在触摸屏上能显示工作台的运行状态：工作台向左、工作台向右、工作台向上、工作台向下、工作台向前和工作台向后。

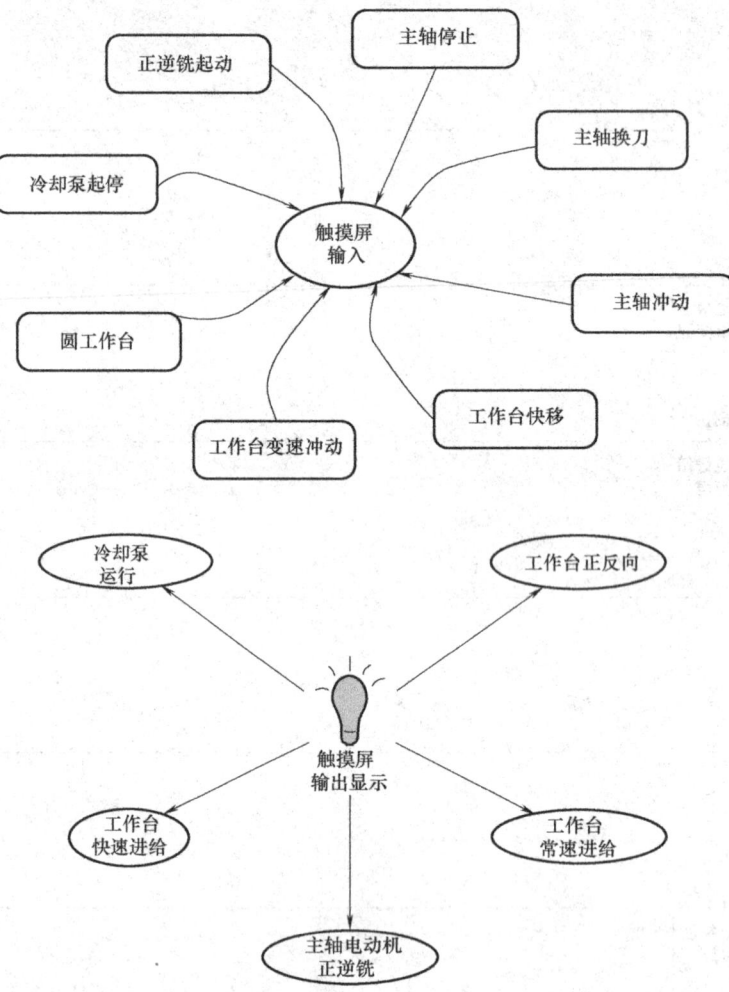

(2) 主轴电动机起动　正铣由现场的两地控制按钮 SB1、SB2 和触摸屏的触摸键 M0 控制；逆铣由于不常用，仅通过触摸屏的触摸键 M7 控制。

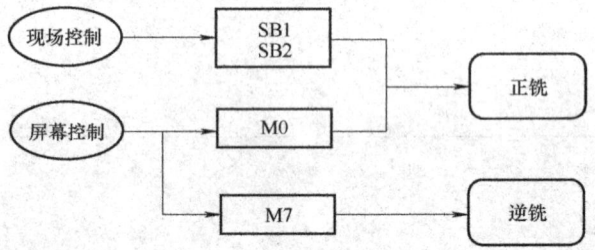

(3) 主轴电动机制动　主轴制动时，现场按下 SB5、SB6 和触摸屏的触摸键 M2，使得变频器运行信号断掉并按所设定减速时间进行制动，主轴电动机停转。

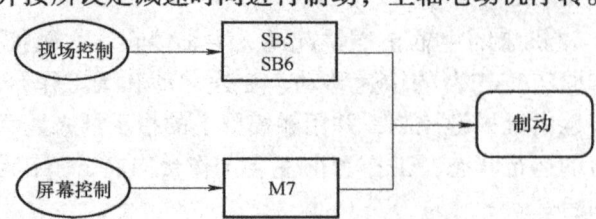

(4) 主轴换刀制动　过程与停止过程类似。

(5) 工作台进给控制　工作台的进给运动有左右、前后和上下运动。以左右运动为例，在工作台进给时，先将圆工作台开关 SA2 断开，再将工作台纵向操作手柄扳至"向左"或"向右"的位置，行程开关 SQ5 或 SQ6 压合，相应变频器的 STF、STR 接通信号，进给电动机起动正转或起动反转，通过机械装置带动工作台向左或向右运动，其他运动与此类似。

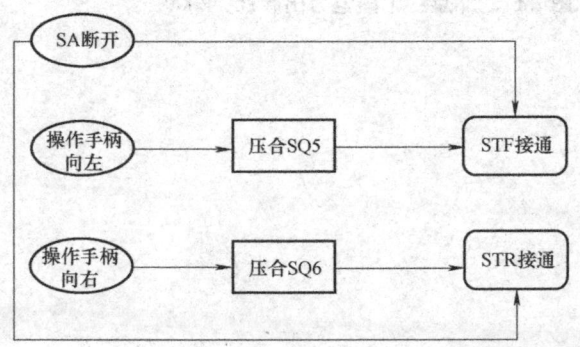

(6) 圆工作台控制　将圆工作台开关 SA2 扳至"接通"，它的常闭触点断开，常开触点闭合，Y004 通电闭合输出变频器 STF，从而使电动机正转起动，拖动圆工作台运动。

(7) 冷却泵控制　通过现场控制按钮 QS1 和触摸键 M8 控制电动机 M3 的起动和停止，热继电器 FR1 实现冷却泵的过载保护。

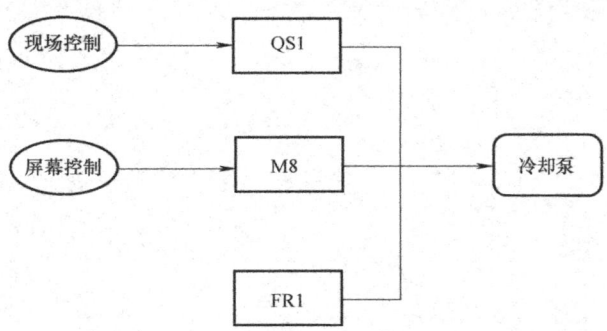

参 考 文 献

[1] 高安邦,孙佩芳,黄志欣. 机床电气识图技巧与实例[M]. 北京:机械工业出版社,2016.
[2] 刘光源. 机床电气设备的维修[M]. 2版. 北京:机械工业出版社,2013.
[3] 黄媛媛. 机床电气控制[M]. 北京:机械工业出版社,2009.
[4] 张胤涵. 机床电气识图[M]. 北京:中国电力出版社,2009.

读者信息反馈表

感谢您购买《机床电气控制线路图识图技巧升级版》一书。为了更好地为您服务,有针对性地为您提供图书信息,方便您选购合适图书,我们希望了解您的需求和对我们教材的意见和建议,愿这小小的表格为我们架起一座沟通的桥梁。

姓　　名		所在单位名称	
性　　别		所从事工作(或专业)	
通信地址		邮　　编	
办公电话		移动电话	
E-mail			
1. 您选择图书时主要考虑的因素:(在相应项前面画√) (　)出版社　　(　)内容　　(　)价格　　(　)封面设计　　(　)其他 2. 您选择我们图书的途径:(在相应项前面画√) (　)书目　　(　)书店　　(　)网站　　(　)朋友推介　　(　)其他			
希望我们与您经常保持联系的方式: 　　　　　　　　□电子邮件信息　　□定期邮寄书目 　　　　　　　　□通过编辑联络　　□定期电话咨询			
您关注(或需要)哪些类图书和教材:			
您对我社图书出版有哪些意见和建议(可从内容、质量、设计、需求等方面谈):			
您今后是否准备出版相应的教材、图书或专著(请写出出版的专业方向、准备出版的时间、出版社的选择等):			

非常感谢您能抽出宝贵的时间完成这张调查表的填定并回寄给我们。我们愿以真诚的服务回报您对机械工业出版社技能教育分社的关心和支持。

请联系我们——

地　　址　　北京市西城区百万庄大街 22 号　机械工业出版社技能教育分社
邮　　编　　100037
社长电话　　(010) 88379711　68329397 (带传真)
E-mail　　　jnfs@ mail. machineinfo. gov. cn